JN246536

革をつくる人びと

被差別部落、客家、ムスリム、ユダヤ人たちと「革の道」

Nishimura Yuko
西村祐子

解放出版社

まえがき

本書は東西の革づくり人たちについて、皮革に関しては「まったくの素人」の社会人類学の研究者が書いたものだ。実は私は専門領域で、ずっとインド研究やコミュニティ開発研究を手がけてきた。そして、カーストやギルドのような仲間組織のなかに、古来日本で革づくりを担っていたかわた部落との類似性、共通の「場」があるのではないかと思い始めた。

かわた部落を含む被差別部落の研究は大きくいって、二つのアプローチに分類されると思う。第一のアプローチとは広い意味での部落解放運動の研究だ。水平社の設立前後の差別撤廃運動の流れにはじまり、戦後最大の日本の社会政策となった同和行政までの道のり、まちづくり運動の展開とその検証なども含まれる。

第二のアプローチは、部落史研究だ。研究が豊富で、議論も活発に行われ、被差別部落内外の研究家たちが多くかかわり、成果物が生産され続けている。

だが第一と第二のアプローチではこれまであまり比較文化的な研究はされてこなかった。部落問題には海外の研究者も強い関心を示しているが、第一のアプローチからの研究が主だ。たとえば、最近カリフォルニア大学出版からだされたハンキンスの『皮と向き合う—革をつくり、多文化の日本をつくる』を読んでも、皮なめし人の「職人性」や「技術」については素通りしている。だが日本の皮革づくりの伝統のすごさは「専門技術のすごさ」でもある。そしてそれを支えてきたのは仲間同士のネットワーク、コミュニティでもある。

私が第三のアプローチとして本書でめざすのは、そんなコミュニティーの強さと専門技術のすごさに注目したものだ。カーストやギルドやかわた部落などに存在している、伝統的な仲間間のつながり、ネットワークの比較だ。中小のなめし工場の経営者たちは変貌してゆく世界の皮革産業のなかで生き残ろうと懸命な努力を続けている。その努力を助けられるような何らかの手がかりをつかんでみたい、そんな観点から本書は書かれた。その思いを読者のみなさんが共有していただければ幸甚だ。

二〇一七年二月一日

西村祐子

革をつくる人びと——被差別部落、客家、ムスリム、ユダヤ人たちと「革の道」

＊

もくじ

第七章 ジェネレーションXとミレニアル世代を探して……190

終章 革は「ミステリー」 220

参考文献

序章

皮革をめぐるディスコース（言説）

浅草ものづくり工房にて

二〇一六年秋、私は英国からの来訪者とともに東京・浅草の「浅草ものづくり工房」を訪れていた。

来訪者はマイク・レッドウッドさん。英国皮革専門家・化学者協会の会長もつとめたことがある、皮革の生き字引のような人だ。ヒースローから羽田についた彼のたっての希望で、ついたその足でむかった先が、ここだった。

このあたりは昔から日本の革問屋が軒を連ねていた地区だ。工房は中小の皮なめし工場にも隣接している。江戸時代、幕府のお役目で犯罪人を取り締まったり、処刑を行ったりする人びとを束ねるだけでなく、芸能民や関東一円の皮革業者の元締として権勢をふるった、「浅草弾左衛門」の大邸宅があった場所もすぐそこだ。

工房は台東区が所有する建物で、台東区立の産業研修センターともいう。ここには起業する若い人びとを育てる工房があるだけでなく、革小物の教室も開かれていて、皮革産業資料館まである。

資料館にはレトロな革製品が並ぶ。大正や昭和初期のころを彷彿とさせる有名なスポーツ選手が使ったボールやシューズ、ゴルフ選手の皮手袋などに混じって、ハイカラな革靴や帽子、スーツケースやトランクも並んでいる。

皮革の話が大好きなレッドウッドさんは、かつて欧州の企業と日本のスポーツメーカーのミズノを結びつけるのに一役買ったことがあるといい、当時を懐かしんでいた。二〇年近く前、日本に来て四カ月ほど滞在した時には、日本の自動車会社に車のシート用の皮革を販売したいという欧州の皮革会社の代理として「売り込み」を図った。コミュニケーション力をつけるために部下たちと一緒に日本語学校にひと月ほど通ったともいう。

彼は六〇代だが、日夜インターネットを駆使して世界の皮革消費者や専門家に情報を発信し続け、国際的なコンペの審査員をつとめている。皮革会社のコンサルティングも行っている。目まぐるしく変わっていくように見えるグローバルな皮革産業の現場に身を置いているのだが、日本のものづくりの姿勢には深い敬意を抱いている。いわく、

「日本では機能的なことがすなわち美だ」

「ドイツの製品だと頑丈で機能的だが美しくない。イタリアだとスタイリッシュだが機能性にいまいち欠ける。ところが日本には古くから機能美というものがあり、職人の技が生きている。日本の製品はごてごてしていないけれど、使っていて手になじむ。革製品にしても同様だ」

過分なほどの褒めちぎり方だが、私はあまり自信がもてなくて同意をもとめられても「多分そうだと思います」としか答えられない。

資料館から出る時、私やレッドウッドさんを、入り口に掲げてあったとても大きな油絵が惹(ひ)きつけた。

見一真理子さん作「仕事場Ⅱ」の前で。筆者とマイク・レッドウッドさん

丸い眼鏡をかけたおじいさんが、微笑を浮かべながら一心に靴をつくっている。モデルはそれを描いた女流画家の父だと聞いて納得した。彼女は父のライフスタイルをそばで見ていて、靴ができる様を、まるで魔法のようだと思って見ていたのだろう。それまで日本になかった「靴」をつくることにひたむきに取り組んで一流の品をつくりあげた日本の皮革職人の伝統が、その絵にもあらわれているように思った。

動物に固有のヒストリー

浅草の地場産業といえば革なのだが、それは江戸時代からずっと続いている伝統でもある。今でも東京では革がつくられ、革製品が産出されている。西の兵庫県が牛革であるのに対して、東京は豚革が有名だ。近隣の栃木県などからも革をいれていて、靴、鞄、バッグ、ベルト、帽子やアクセサリーなどをつくる中小の工場がある。若者を育てる工房があるのもこの地区の特徴だ。ものづくり工房にアトリエをもっている若いデザイナーたちは、同時に起業家でもある。なかには海外の展示会に作品を出す人もいる。しかし、海外進出への取り組みはまだ十分とはいえない。

私たちは資料館を出た後、かつて皮革を取り上げる業界誌で記者をしていたという、ものづくり工房のディレクター、城一生さんの案内で、皮革デザイナー兼起業家に会うことができた。

その人、高見澤篤さんはシックス・クロージングという会社を立ち上げた起業家だ。自らデザインと縫製を担当しているというワンマン企業家だ。驚いたことに革の縫製などは独学で学んだという。話を聞くと、革を通じて世界を考え、表現するアーティストといったほうがふさわしいかもしれないと思えてきた。機能性と美が一体になっている、と日本の職人芸を評したレッドウッドさんが、まさに！　と感心した若者だ。

彼は熊や鹿などハンターが撃った皮をそのまま丸ごと買い、姫路の業者になめしてもらい、それをさまざまなかたちの「作品」につくりかえてゆく。それらはいかにも「皮」という感じで、お世辞にもつるつる、すべすべしているとはいえない。着る人は動物の皮を着させていただく、といった感じだろうか。どこにもない「オンリーワン」だ。それゆえにその製品を持つ人、着る人を選ぶ。

高見澤さんは、皮には生きてきた動物に固有のヒストリーが宿っているという。動物の肉をいただき、皮を素材として使わせて「いただいている」ことに感謝し、もったいない、と思うことが大切だ。その動物の命を生かすため、素材を余すことなく使うことが大

高見澤さんの革をチェックするレッドウッドさん

事なのだ。ふと見ると、ジャケットになっているごわごわした熊の革には弾丸の跡も残っている。「これも動物のヒストリーです。それを丸ごと受け入れて使わせていただく、それが世界に唯一の革になるんです」。

レッドウッドさんは高見澤さんの言葉にいちいちうなずいていた。彼はいう。「世界の革業界の潮流は、今や『トレーサビリティ』（この皮はどこからいれたのか、その精製のプロセスをつかんでいるか）、そして『エコフレンドリー』（人体や地球に有害な物質を使っていないか）だ」。

ここでは詳しく書かないが、現在、消費者はこの二点を厳しく追求するというのだ。

途上国で見るような、児童労働や、不十分な排水システムでの環境汚染を引き起こしてつくられた革は決して先進国の大企業は受け入れない。そうやってつくった革を使えば、消費者からそっぽをむかれるからだ。

それほどまでにトレーサビリティにこだわるのは、消費者自身が自分がもつものに負の価値をつけるのをいやがるからだという。つまり、革の歴史にこだわるからだ。

聞いていて、現代の消費者は日本社会がかつて皮革の世界に置いていた「穢れ」という負の価値感を、「目に見えない革の歴史」としてつくりかえ、定義しなおそうとしているようだと思った。

なめしとは

かつて日本には穢れを忌む思想があった。それはおもに屍を取り扱うことに対するタブーからきていて、なめし人たちもそのスティグマ（烙印）を負わされていた。

その仕組みを明かすため、ここでなめしの行程を簡単に説明しておこう。なめしとは「鞣し」であり、文字どおり皮（革）を柔らかくして、恒久的な使用に耐えるように加工することだ。呪術的ないいかたをすると「自然」を「文化」につくりかえる仕事だ。

「かわ」と聞けば、「革」であり、製品になったベルトやバッグを思い浮かべる読者が多いのではないかと思う。しかし、それは簡単な仕事ではない。たとえば牛革をつくる場合は、動物の屍から毛がついた皮をそぎ取っただけの、「原皮」から加工を始める。これを加工するには、脱毛をしなければならない。脱毛したら、頭部から尻尾を結んだ線で二つに分割する。これを背割りという。それから均一に薄くこそげとり（シェーヴィングという）、クロムなどの化学溶液（もしくは天然のタンニン液や植物溶剤）に浸しながらドラムと呼ばれる大きな攪拌機械にいれて柔らかくする作業を何回かにわけて長時間行う（クロムによるなめしは二～三日でできるが、天然なめしの場合は三カ月から半年かかる）。

それを乾かして伸ばし、艶出しやスプレーをかけて仕上げたものがようやく皮革と呼ばれる最終加工が可能な製品となる。ここまでくるのに軽く一〇工程以上を経る。これをやっているのがなめし業者、英語でタナーと呼ばれる人びとだ。

なめしの技法が日本に伝えられたのは、さかのぼって七世紀後半。朝鮮半島から遣わされたなめし職人によってだったといわれている。以後、戦後にいたるまで日本独自のなめし手法で多くの中小なめし工房は革をつくっていた。

牧畜が行われ、皮をとるために肉が消費されていたのは奈良・飛鳥時代だが、縄文時代には屠畜人や皮なめし人に対する差別は見られず、ほかの職人と同じように都の市中に住んでいたという。

七世紀に藤原京が建設された時にも、馬が使役され、その後に屠(ほふ)られている。奈良時代までは家畜の肉を食べることが一般的になっていた時期があるという調査結果もある。馬を供犠のために屠り、捧げる儀礼も行われたのもこの時代だ。

一〇世紀初頭に編集された延喜式には油なめしの手法が詳しく記述され、その手法は後の姫路革の製法に酷似しているという。

平安時代におけるなめしと穢れ

皮をなめすには、脂肪や動物タンパク質を原皮からこそぎ落とさなければならない。その結果、コラーゲンの繊維が残ってなめらかになる。これがすなわちなめしだ。その際、血や肉片などが水を汚染することは避けられない。そして残った肉片や血などは腐ったタンパク質となり、悪臭がする。

昔の人びとと現代のわれわれとでは、臭いに対する感覚も大分異なっているだろうし、町中(まちなか)では動物の排泄物をはじめとしてさまざまな悪臭、臭いがしただろう。そして人口も今と比べると格段に少ないから、町中や川の汚れも大したことはなかっただろう。しかし、時に屍の処理は、排水の汚染だけでなく、腐敗が空気感染を呼び、疫病を引き起こす。

屠畜人や革なめし人に対するまなざしが変化するのが平安時代初期だ。平安京の人口は奈良時代に比べ大幅に増え、空気感染などによる疫病も起こりやすくなり、都市内を清浄に保つことは不可欠になったのだ。

清浄を示すことが貴族や聖職者たちの儀礼的な優越さを示すことになり、浄と不浄のコントロールは権力の源泉のひとつともなっていった。それが支配の正当化につながっていったのだった。また、そういった儀礼の空間としての清浄性は、天皇の居住場所としての御所にふさわしいと考えられたからでもあった。

血や糞尿や他者の死などは、浄性と真逆の価値をもつ存在であるだけでなく、疫病や不幸の原因、「穢れ」だとして恐れられるようになり、果ては牛馬の屍を処理していたなめし人たちが差別的な扱いを受け、都で賤民とみなされてゆく。一方で屍をあつかう仕事は穢れを清めることでもあった。畿内の中世後期には斃牛馬(へいぎゅうば)の処理は死穢の「キヨメ」として呪術的な行為とみなされ、夜に限られてくる。その慣習は周囲の村や町から強制され、幕末まで続いていたという。

穢れを清める呪術的な力をもつキヨメの役を帯びているからこそ、皮なめし人たちは御所や城、寺社仏閣などを儀礼的に清める人びととして活躍することともなった。なめし業は水を大量に使うため、積極的に川べりに住んだという事情もあるが、皮なめしの人びとが多く居住した川原は流浪の人びとが住む場所でもあった。都市の清掃や屍の処理をする非人、芸能民たちと共に彼らは「河原者」と呼ばれ、税金を払わなくてもよい代わりに一般市民とは区別される特殊民として扱われていった。

近世から近代の日本における皮革産業の担い手

日本では、明治維新を迎えるまで、なめし作業や第二次製品加工までは、かわたと呼ばれる特定の集団に割り振られていた。

鹿や小動物のなめしは一般農民にも許されていたが、牛や馬のような大きな動物のなめしはこの人びとでなければ許されていなかったのだ。

この人たちにだけ、草場と呼ばれる場所に捨てられた斃牛馬を無料で回収し、屍から皮をとり、革へと加工することが許されていた。そして、肥料や薬、食品に転換できる骨や肉をとる権利も与えられていた。加工した革を各地で集め、集積地まで運んでいって最終製品に仕立てる職人の集団まで届ける人びとも、この集団の人間でなければならなかった。

徳川幕府は彼らを賤民として扱い、「エタ」（穢多）などという蔑称で一般農民とは区別した。牛馬などの大きな動物の皮を扱うことは一般農民には許されない特権であり、牛馬が死ねば無料でかわたの人びとに引き渡さねばならなかった。その特性を保証されるがゆえの賤民身分でもあったのだ。

一方、かわた集団でも上層に位置していた人びとは、身分は低いものの、徳川幕府の行政機構の末端にも連なり、都市の大商人とも結びついて、裕福な生活を送っていた。だが一般的にはかわた身分の人びとは貧しかった。そして役負担というかたちで幕府諸藩の業務を代行したり、都市の清掃役を請け負ったり、ハンセン病者や浪人らの「非人」の管理をしたり、刑罰の実行の手伝いをさせられたりした。ほとんどの人びとの暮らしは楽ではなかったものの、彼らは被差別という共通のスティグマにより強く結びついた共同体でもあった。お城や社の掃除をするキヨメとして、動物の屍などの処理や呪術的な業務も行う儀礼のスペシャリストで、社会にとって不可欠な存在でもあった。

なめし作業の労働は過酷だったが、前借りが許されていて、農民よりは現金にありつくことは多かったものの、結局それで地域の有力な元締や皮商人に借金で縛られていた。時の政権は、そんなかわた集団を農民支配の道具としても利用した。重税に苦しむ一般農民の不満のはけ口として一般集落の周辺に押し出し、スケープゴートの役目も負わせていたのだった。

「賤民廃止令」による失業

かわたの人びとは、一八七一年、明治政府の「賤民廃止令」によって一転して賤民から平民として解放される。しかし「新平民」という差別的な呼称はつきまとった。

皮革業も誰でも参入できる産業となったが、それは必ずしも喜ばしいことではなかった。従来無料で集められていた原皮が買い占められ、なかなか手にはいらなくなった。これでたちまちかわた出身でなめしをやっていた人びとは行き詰まり、路頭に迷った。近代社会の最下層民(アンダークラス)として廃品回収や炭鉱、建設現場で働く生活へと追いやられた。

しかし、彼らが慣れ親しんでいた革づくりは重要な近代産業として生まれ変わる時期を迎えていた。日本では当時、近代的な厚くて強い革が求められていた。近代化によって大規模な徴兵制が敷かれ、兵隊が履くブーツや靴の量産が求められていたのだ。肉食や畜牛産業が奨励され、兵隊に供されるようになり、とれた皮を使って軍需産業としての皮革産業を興さねばならなかった。機械部品のワッシャーやベルトや、銃剣をいれる格納ベルトなども必要だった。

厚く強い革で、ある程度のしなやかさをもつ革となると日本の革づくりにとってはいささか勝手が違う。もっとも硬い革ならお手のものだった。それまでずっと生皮を干した革、つまり板目革をつくっていたからだ。だが、靴の底革に求められたのは「しなやかな硬い革」だ。雪駄(せった)の底に貼りつけた板目革では滑るし割れる。糸が切れるので到底縫製に耐えられない。日本の近代皮革産業の黎明期がこうして始まり、起業家たちが出現した。

西村勝三と弾直樹の協働

名乗りをあげた起業家たちに、軍部はできるだけ早く皮革産業を興すように要請した。要請された人物のなかには、士族出身で幕末期に武器を輸入し、巨額の富を築き上げた西村勝三もいた。

幕末期に青年だった西村は脱藩までしていち早く西洋の知識を取り入れようとし、幕府に密貿易のかどで投獄された経歴もある異色の人物だった。長崎の出島に出入りして西欧の武器商人たちから鉄砲を仕入れ、幕府と尊皇派両方に武器を売りまくった。だが、明治になって彼は愛国企業家として変身をとげる。開国まもない国家の危機を感じ取り、国策としての近代化に身を投じていく企業家となるのだ。

兵隊が必要とする肌着や靴下をつくるため、メリヤスの生産を手がけたり、耐熱煉瓦やガス灯の設置など、次つぎと事業を興し、赤字をふくらませ借金をしまくっていく。だが、彼は意に介さなかった。軍部から「近代化のためにぜひ必要だ」と要請されると皮革事業にもさっそく進出していった。

近代的な皮革と靴づくりのために海外から技術者を招聘し、工場をつくり、職工を訓練し始めた。だが初めからちゃんとした革や靴がつくれるわけではない。なおかつ工員に給料を払うのは、生まれたての事業では並大抵のことではない。結局、損をしてでも軍部に納入し、職工には給与を支払い、大量の不良品を出したり軍部からの発注キャンセルに直面して浮沈の憂き目にも遭う。彼は晩年、自分の事業はほとんどが失敗の連続だったとふり返る。

彼同様、この難しい事業に進出したのは最後の弾左衛門こと弾直樹である。彼もまた、黎明期の皮革産業で借金をしまくり、結局全財産を投入し、晩年に破産してしまった。だが、彼も日本の皮革産業を守ろうと必死だった。この産業は自分の所属するかわた集団によって一〇〇〇年以上もの間、日本で営まれてきた伝統あるものなのだ。そのコミュニティをつぶすわけにはいかない。生活の糧を与え、近代的な労働者・技術者に仕立ててゆかねばならない。彼は米国人専門家を雇い伝習所をつくってコミュニティの若者たちに靴づくりを教え、その技術を伝播させていった。皮革と靴づくりは事業としては失敗したが、彼が育てた職工は全国に散り、中小のなめし工場や靴づくり工房が展開されていった。破産したとはいえ、彼は近代製革のパイオニアとして歴史に名を残すことになった。

西村と弾はひんぱんに交流した。職工を行き来させて新しい技術を習得させたり、行き来しやすいように工場を近場につくったりした。西村は弾亡き後、その息子を近くに呼び寄せ、工場の面倒を見たりした。

靴工の間で後にストライキが起こった時、新聞は、「扇動した」靴工集団は、雑多な集団だったと報じている。部落民だけでなく平民も士族の子弟も参加する近代的な職工集団がすでに出現していたのだ。

産業としての皮革業は、多くの労働人口を養い、徳川体制下には禁じられていた人的な交流をうながしていたのだった。

今日の日本の皮革産業を見る時、旧かわた集団と平民・士族集団らの人的な交流によるこのような協働の歴史を私たちは忘れてはならないと思う。

「部落」をめぐるディスコース

「部落」は本来「集落」の意味だ。田舎に行くと、今でも××市×××町字××、といった住居表示があり、字以降の集落は、いわゆる小集落、部落である。一方、このような一般の小集落に対して、かつては「エタ」部落だった、とか「非人」部落だった、といった「特殊性」によってマーキングされる被差別部落の省略形で「部落」という言葉が使われることもある。

自らを部落民と考える人びとの先祖には、皮革に携わった集団だけではなく、多種多様な賤民階層の人びともいるのだが、いずれも宗教的な穢れの思想によって理不尽な差別を受けてきた。

なぜ理不尽かというと、何を穢れとするかは、時代や社会によって大きく異なるからだ。

エコロジカルなリサイクル思想が主流となっている昨今は、糞尿を熱で分解して有害な大腸菌を死滅させ、土に還して農作物の収穫をアップさせることができる。この時代において、糞尿をすなわち穢れといってしまうことははばかられるし、下水道処理場では排泄物からとれる高濃縮のリンを有機肥料としてタブレット化して売り出している。動物を屠ることについても負のイメージはかなり軽減されている。私は英国の屠場を見学したことがあるが、なるべく苦痛がないようにエアガンなどで気絶させてから速やかに処理していくので血が飛び散ることはほとんどない。鋭いナイフで皮をはぎ取り、肉を切り取っていく人びとは熟練の職人として扱われ、十分な収入を得ている。

他方、自分に見えないところで行われている労働者への搾取や環境破壊をする製品には人びとは敏感になっている。そこに、自分の体が徐々に蝕まれていく「穢れ」を人びとは感じ、それに抗議しようとしているのではないだろうか。

モノを超える革

以上に述べたのは日本国内のことばかりだが、私は、日本の皮革業と被差別部落のかかわりを考える時、海外の、欧州やアジア社会のマイノリティ集団と皮革業のかかわりも考えずにはいられない。皮革業、特になめし業にかかわる人びとには流浪するマイノリティ集団が多かったからだ。

皮革にかかわる仕事はきついが、かなり高度な仕事で、誰にでもできる仕事ではない。熟練が必要で、よい革ができると高く売れる。その分、製造過程も独自の販売網も外に出せない秘密が多い。その結果、周囲の一般人からは賤視され敵視されることも多かった。だが、職人あるいは商人として、技能やネットワークを身につければ、流浪の身となっても腕一本でなんとか身をたてられる。

欧州やアフリカ、中東、北米などをまたにかけて渡り歩いたユダヤ人の皮革職人たちがまさにそうだった。

中国大陸からの移住を余儀なくされた客家(はっか)たちもそうだった。彼らは時を経て専門職人から皮革販売人、商人へと転身し、工場経営に携わる事業家となっていく。

近代国家を支える産業として皮革産業を支えたのは集団として皮革業に携わっていったこれらの「元」流浪の民だったのである。

彼らのマイノリティとしての歴史は、時に苦しい迫害の傷跡を思い起こさせるが、同時にそれは、アイデンティティとなって民族集団を支えている。

いってみれば、彼らがつくりあげた「革」は単なるモノを超え、彼らの苦難に満ちた歴史の一部を語るものとなっている。

同様に、日本のかわた集団と革のつながりの複雑な歴史こそが、日本の皮革の今を支えている。そのヒストリーを海外の皮革業に携わったマイノリティの歴史に重ね合わせ、先人たちに思いをはせつつ、日本の皮革産業の今を支える人びとについて考えてみる。それが本書の狙いだ。

「物語」を込める、つくる

「ヒストリーを、経験を、熱い思いを、あなた方のレザーに込めてください」

兵庫県たつの市で行われた、タツノ・ヤングレザーマン・クラブにむけたセミナーでのレッドウッドさんのメッセージだ。

皮革は強い象徴性をもった生き物だ。モノにとどまっているだけでは満足しない。革でつくられた「商品」を購入する人びとにとって、それが自分にとっての愛着を込めた「オンリーワン」となるためには、その革に込められたストーリーが、歴史が必要だ。

皮革は使い捨て、ファスト・ファッションには適さない。情感に訴えるのが革だ。触ってみて、革の感触を肌で確かめてほしい。それが革と自分との関係をつくるのだ。

そう、そしてもっと「物語」を！　革は自らの「ストーリー」を強力に要求する「モノ」なのだ。

第一章

革づくり人のアイデンティティ

ホンネとタテマエと差別

私が大学でマイノリティ集団のまちづくりを講じていた時、客員講師として教壇に立ってくれた歴史家のひとりが藤沢靖介さんだった。彼は授業に牛一頭分の大きな牛皮をもってきてくれて、江戸時代はこの牛皮一枚が小判一両くらいもしたのだという話から始めた。一枚で親子五人が半年遊べるくらいの高価な品物だったという。だからできあがった革が盗まれる事件は多かったらしい。今は屠畜された牛は肉としての価値のほうが高くて、国産の牛肉は特に高級品とされている。それに比べて原皮の値段は安くなっているから江戸時代からは考えられない話だ。明治時代以降、日本人も西洋化のおかげで牛肉を食べることに抵抗がなくなった。四足、すなわち鶏や魚ではなく、猪や牛、馬、豚などの獣の肉は明治以降ようやく食べられるようになったといわれている。

ところが藤沢さんは、ずっと日本人はこれらの「獣」を食べていたのだという。タテマエ上は食べないので、猪は山クジラと呼び、牛肉は薬ということにしていたのだそうだ。つまりホンネは「肉はおいしい」ということなのだろう。日本人の私たちですらそのタテマエに踊らされて、江戸時代には獣の肉を食べたことなどないと思い込んでいた。

インドに行った時、屠場を見学したのだが、そこで働いている獣医さんは「ありとあらゆるカーストが肉を買いに来る」とこともなげにいっていた。「バラモンも?」と聞くと、彼自身バラモンだということだったが、「そうだ」という。気になって調べてみると、インドのヒンドゥー教徒は牛肉を食べない、菜食主義者が多いといわれるが、実際に肉や魚を食べない菜食主義の人は三〇%程度だという。肉をとらなければできない革について聞いてみると、バラモンの女性は、「靴を履いている時はなるべく獣の皮からできていることを考えないようにしている」という。

このように私たちの日常ではホンネとタテマエの間に乖離(かいり)がある。ホンネは自分の価値観によって形作られていて、自分自身に対する偽り（嘘）を含まないのだが、外の状況によってつくられた価値観をもとに発せられるものがタテマエだ。海外で暮らしているとホンネとタテマエが何層にも絡み合った状況に遭遇する。それが端的にあらわれるのが現実の「差別」の場だろう。

米国だと、たとえ白人で教育ある男性でも、同性愛者だとわかっただけで採用されないこともある。単に非常に太っているというだけで「社会的な落伍者」として面接に落とされることもある。だが、タテマエ上、落とした人は「それだから」とはいわない。「あなたは優秀なので、とても残念ですが」と口を濁す。多国籍の人びとが働いている職場では「差別」といってもかなり多様で、タテマエも上手にとりつくろうから、女性だからとかイスラム教徒だからとかいうことで昇進が著しく遅れていると主張してもなかなか見分けにくい。女性のイスラム教徒が昇進している場合も、別の会社では見られるからだ。

こういったタテマエとホンネはクラス社会の欧米社会だけでなく、カースト社会にも存在する。私は南インド社会を研究してきたので、カーストについても実際に現地で体験することが多かった。

カーストという用語は、そもそもポルトガル語の「カスタ」から派生していて、ポルトガル人がインドにきて、インド人は身分が細かく階層化していて違う「カースト」だと結婚しないと述べているところから、インドの外ではこの制度をカーストといいならわしてきた。現地ではカーストという語より、ジャーティ（出自集団）という語が用いられている。ジャーティは何万とあって、全体がきれいなピラミッド型を描いているわけではない。宗教的な価値観によって上位カーストに属するバラモン（僧侶階級）やクシャトリヤ（武人・戦士階級）にもたくさんのサブカーストがあるし、中間カーストもたくさんある。英国植民地時代に自集団の地位向上運動をして、元来シュードラ（低位隷属民）身分と考えられたのに、クシャトリヤやバラモンと認めさせたジャーティもある。だがそれでもカーストは内婚集団、個々人のアイデンティティのよりどころとして残っている。

もっとも各自が自分は「××だ」ということはめったにないし、「あなたのカーストは？」と聞くことは失礼なことだとされている。インドではアンタッチャビリティ（不可触性）によって元不可触カースト（第四階層のシュードラの下に位置する不可触カースト）に属する人を差別することは違法だし、政府は差別撤廃に熱心で、元の不可触カーストに属する人びとを「登録カースト」とし、そのほかにも「後進カースト」というカテゴリーを設けて、さまざまな保留制度を設けている。また、それ以外の前シュードラカーストに属する人びとに特別の配慮をしている。

保留制度で公共セクターにあるプールを利用して、高等教育を受け、上級公務員や医師・弁護士などの高収入で社会的地位が高い職種につく人びとも増えてきた。だが、やはりホンネでは登録カーストの人びとに一般カーストの人びとは距離感をもっていて、村落部などでは登録カーストが差別されて暴力をふるわれ、殺人事件に発展することもある。「旧」上位カーストは、データで見るとやはり高収入の職種に多いことも事実なので、やはりカーストというのはピラミッドのような収入によるハイエラルキー的な社会をつくりあげている、と見る人びとも多い。

カースト、ギルド、そしてアイデンティティ

実は、インドで調査している間に、カーストにはそんなハイエラルキー性だけでなく、水平的な仲間志向、同位志向による求心性もあると思うようになった。その仲間志向がまさに対外的に自分たちの集団の「アイデンティティ」をつくりあげるということに気づかされたのだ。その点で、西欧社会などに見られる伝統的な職業集団の集まりだった「ギルド」ともカーストは類似性がある。たとえば大工や石工(いしく)、壺づくりなどの職人や漁師の村

は、ヨーロッパでも田舎に行くと見られることがある。アジアでも欧州でも、家具職人だけの村があったり、魚とりだけを生業にしている村もあるから、やはり根本は同じようなものなのだな、と感じる。日本でもかつては漁師には漁師の家からの縁組が多かっただろうし、嫁をもらう村はいくつか候補が決まっていたのだろう。

ハイエラルキー性だけを見ても、なぜカーストがなくならないのかはわからない。むしろ、横のつながり、ネットワークを見ることが大事なのだ。カースト内部では助け合いとか同位性などが強調されて、外の集団に対しては自分たちのステイタスを示そうとするし、「私という存在」がカーストなくしてありえないと思う人びとはそんな横のつながりに支えられているのだ。

西欧社会のギルドは元来地域的に限定された同業者の互助組織だが、中世にはこの世襲集団が、自分の身分や生まれを証明してくれた。そこで生まれて教育・訓練を受け、やがて同じギルド仲間の娘と結婚していつかは独立して家をもち、家族を育てる。壮年になれば、やがてはギルドの代表として外の世界にでていくこともある。自分がどこの誰か、何を大事に思い、誇りにして生きているか、ということが自分をつくりあげているアイデンティティというわけだ。

新たに選ばれた皮革販売業者ギルドの理事たち。憧れの制服をまとってこれからロンドンのシチー内を練り歩く（The Leathersellers' Company, London 提供）

カーストとギルドを並列的に論じたマックス・ウェーバーもまた、ギルドとカーストの類似に注目している。世襲業を通じて、社会的な地位を確定させ、その中で婚姻関係を結び、社会生活を営んでいく、という点ではカーストもギルドも同じだ。そして、ギルドもカーストも、その起点には地元に根差した教会や祖先を祀る社などの宗教組織があった。

英国では王族や貴族、聖職者などと異なり、組織の庇護がない職人や商人などの都市民は、せめても死んだ時に葬式が出せるようにと互助組織にお金を積み立てた。そして体制側の人びとがまとっている「制服」に憧れていた。

憧れの「制服」を着ることが職業アイデンティティ

英国の職人や商人たちは、聖職者や貴族たちが、身分をあらわす豪華な制服をきて町を練り歩くのを眺めつつ、「いいなあ！」「いつかは俺たちもあんな制服をきて、貴族や僧侶たちみたいに町を練り歩きたいもんだ！」と、口々に熱烈な憧れを口にしていた。そして自分たちのステイタスを示す華やかな揃いの制服に憧れた。そこで、自分たちのギルドが公式に認められ、登録されるようになる時は、会員資格をそのギルドの「制服」が調達できるだけのお金がある人びとに限定した。制服という、身分をあらわす外見をつくることで、その互助組織の「矜持」とアイデンティティをつくったのだった。この結果、英国のギルドはリヴァリー・カンパニー（livery company 制服を着た仲間組織）といいならわすことになる。リヴァリーとは制服のこと、カンパニーは仲間ということだ。これが後に寄付組織に発展して、ワーシップフル・カンパニー（Worshipful Company）と呼びならわされることになる。Worshipful Company of Leather Sellers などというと、皮革販売業者の慈善団体、そしてギルドという意味になるが、あくまでその原点はリヴァリー・カンパニーなのだ。

苗字や呼称が示す職業やカースト

職業で矜持をつくったことを示す事例は、苗字のなかに表現されていることもある。たとえば英国ではフラー（毛織地を洗ってきれいにする人）、スキナー（皮剥ぎ人、毛皮商人）、バーバー（床屋）、ゴールドスミス（金細工職人）、ハングマン（首吊り執行人）など、かなりある。ちなみに西欧ではバーバーは外科医の前身だった。怪しげな手法で血を吸いとったり丸薬を調合する場所は、一七～一八世紀ならバス・ハウス（風呂屋）だ。風呂屋には売春もつきものだったからいわくつきの商売をしていることになる。今でも英国ではバーバーと外科医は同じギルドに属している。ちなみに、私の家の隣人はバーバーという名のアメリカ人だが、ご先祖が床屋から外科医に転じた人だと知っていた。

こんな風にご先祖の世襲業を探すのはちょっとした流行らしく、いろんな検索サイトまであるくらいだ。

インドの場合も、姓の代わりにカーストを名乗ることがある。そして、それを自分のアイデンティティとしている。たとえば、パラニアッパ・チダンバラム・チェッティヤールという人ならば、父の名前、自分の名前、カースト（商業カースト）、という順に並べている。知りあいは彼を二つの名前の頭文字をとってCT、などと呼ぶ。これが彼を識別する標識というわけだ。だが召使いや妻が彼について言及する時、「チェッティヤールは今むこうの部屋にいます」などと敬称としても使うように、男性の呼称としてはカーストのタイトルが「敬語」にもなることがある。欧米社会で生活しているインド系の女性でも、カーストのタイトルを苗字としている人が多い。

たとえばミーラ・ナイールという有名な女性の映画監督は、南インドのケーララ州出身のナーヤールカーストの女性だとわかるし、カマラ・ムダリヤールという女性なら、ムダリヤールという南インドの農業カーストの出身だ。カーストではなくて、宗教を明示することもある。たとえばカマル・ジャインという名では、彼がジャイナ教徒だということがわかる。「ジャイン」という姓を名乗っているからで、銀行や宝石商に多く見かける。インドではジャイナ教徒はひとつのカーストとして認められているのだ。欧米に移住しても同じような職業につくことが多い。マニ・アイヤンガーという名前を聞くと、私は途端に南インドのヴィシュヌ派のバラモンだな、と想像がつく。インド系の名前を聞けば、たとえ米国人や英国人であろうと、そのカーストや宗教がたちどころにわかることが多いのだ。

カースト内で結婚するとは?

インド国内に暮らしていようと海外にいようと、インド人は一般に今でも見合い結婚が八割以上だといわれる。つまり自分と同じカーストの人間と結婚しようとするのだが、これはグローバル化されても変わっていないようだ。医師などは意外にも恋愛婚が多い。大学時代にキャンパスで同業者になる学生同士が結ばれる確率が高いという。このように恋愛婚で相手を見つけられる人は別として、大抵はお見合で相手を見つける。海外に住んでいる人は、国境を越えて自分と同じカーストの人と結婚しようとする。たとえば米国で働いている小学校教員のパドマ・アイヤー（南インドのシヴァ派のバラモン）さんが、英国に住むＩＴエンジニアのクリシュナ・アイヤーさんという男性とお見合い結婚するとする。この場合、両者はシヴァ派のバラモンで問題ないな、と私ならば瞬時に判断してしまう。二人がアメリカ人と英国人、あるいは一方がインド在住のインド人だったとしても問題がない。国籍が違ってもカーストが同じであれば、何を食べ、どのような宗教行事を祝って、子どもが生まれたらどのように教育するかについて悩む必要はないからだ。カースト外の人間とは共有できない固有の文化があると彼らはいう。

このようなカーストの文化や内婚制についての批判はあまり聞かれない。そのかわり、よくカーストの問題として指摘されるのが、宗教的浄・不浄観にもとづいたアンタッチャビリティ（不可触性）の存在だ。

カーストのなかには被差別カースト（前不可触カースト、現在は登録カースト）とされる集団もある。彼らも自分たちのカーストの仲間とは血縁や地縁で結びついている仲間意識があるから、カーストを変えたいとは思わない。むしろ普通のカーストとしてほかのカーストからの敬意を勝ち得、ステイタスを上昇させたいと願っている。「違うカーストの人間と結婚したって幸せになれない。自分のカーストから切り離されて安心して生きていけるわけがない。それより自分のカーストの地位が向上して、尊敬されるようになってもらいたいんだ」と人びとはいう。

何を食べ、何を祝い、誰と結婚するか、といったことは自己をつくるアイデンティティにとって重要な要素だ。と同時に、被差別カーストにとって「迫害され、差別されてひどい目に遭ってきた」という共通の体験は、共有され、集団のアイデンティティの核をなしているコミュニティの歴史だ。自分たちの祖父や父、それより前の世代から受け継いできた共通の記憶、歴史としての被差別が語られ続けることでアイデンティティが引き継がれていく。

もっとも欧米に移住した家族のなかには子どもが現地の人びとと結婚することも珍しくない。それを指摘すると、あるバラモンのビジネスマンはこう答えた。「子どものうちの誰かひとりが自分のカーストの人と結婚してくれれば家の伝統は彼らを通してつながっていく。最悪でも一族の何人かはカースト内で結婚するから大丈夫だ。とにかくちゃんとしきたりを守っている家族の周囲にいてつきあっていれば、いつか伝統は見直されるし、その一族との縁談もでてくるだろう。そうやってつながっていくのさ」。

昨今のように海外生活をしているインド人の中には現地の人と結婚する場合がある。その場合、子ども世代には多少ともアイデンティティの葛藤があり、結局自分のアイデンティティをもとめてインドの親族に惹かれてゆく場合が多い。

母親がインド人であれば、特にその傾向は強いらしく、たとえ「ハーフ」の子どもたちでもサモサやドーサイといったインド様式の食事で育つと、おじいちゃん、おばあちゃんが訪れるたびに自分のカーストのアイデンティティを強めていく様子がわかったりする。

こうして見るとカーストとは血縁主義のように見えて、そうでもない。アイデンティティなどといわれるとわかりにくいが、アイデンティティには歴史の共有や、食事、儀礼などを通じて体験する日常的な文化の要素も大きいといえるのだ。

皮革づくり集団のアイデンティティ

カーストやギルドのなかには伝統的世襲職業でつながった集団の互助組織的な側面があり、それが内部への求心力となっていると述べた。日本の近世にも「座」という職人や商人がつくった同業者組織があった。室町時代以降の経済発展はそうした同業者の互助組織の発展によっても支えられた部分がある。だが、なぜそこで皮革づくりに関連する集団だけが「エタ」などと呼ばれて、低い地位におとしめられていたのだろうか。なぜ、近世につくられた、カーストのような浄・不浄観によって差別されたのだろうか。この問いに答える前に、かわた集団は皮革業の専門集団として評価されるべきだという点をまず強調しておきたい。

浄・不浄観が支配するインドのカースト社会ではパラヤやマハール、チャマールなどの前不可触カースト（登録カースト）が皮革の分野で働いているが、彼らは日本のかわた集団とは専門分野の上では比較できない。彼らが皮革づくりカーストだと日本では誤解されることがあるが、多くの場合、登録カーストは皮革業に特化しているわけではなくて、この道の「専門職技能を伝えてきた人びと」とはいえず、むしろ積極的にかかわってきたのはイスラム教徒（ムスリム）だ。

彼らの住む地域は北インドでも南インドでも「皮革の産地」として知られている。そして特筆すべきは、イスラム教徒は、基本的には浄・不浄のヒンドゥー教のルールに支配されない集団だということだ。

だからこそインドでは、ヒンドゥーはムスリムたちに革をつくることをずっとまかせてきた。「面倒な不浄のルールが支配する領域だから、ムスリムにまかせておこう」というわけだ。だが、それがムスリムには幸いすることになる。

英国がインドを植民地にし、西欧式の近代的な軍装備を現地で調達する必要がでてきた。大量に軍需用の革が必要とされ、イギリス軍はムスリムを活用して皮革をつくらせる。

南インドのマドラス（現チェンナイ）はもっとも早くイギリスに植民地化され、東インド会社の支店があったところだ。マドラスに近い北アーコット郡（現ヴェッロール郡）にはムスリムが多く、革づくりの伝統はすでにそこにあった。その地区で近代的な方式で、革をつくる必要がでてきた時、大量の軍需も発生していた。そこで早く安く革を生産したのが南インドのムスリムたちだった。

また、カルカッタ（現コルカタ）では、客家（はっか）という外からやってきた華僑集団が革づくりを担っていく。東南アジアからやってきてカルカッタに落ち着いた客家集団は、やはりヒンドゥーたちが触りたがらないなめしや靴づくりに意識的に進出して成功した。浄・不浄が支配するヒンドゥー社会ではよそ者の客家もマイノリティだったが、皮革がもたらす利益によって大きな社会的上昇を得た（第五章参照）。

日本のかわた集団のなかにはなめしの重労働を担う人びとだけでなく、原皮や皮革を扱って高い収益を得る商人や固有の技術をもつ職人たちもいた。そして集団のなかでは極端なまでの貧富の格差もできていたが、インドと違ってあくまでも同じ集団のなかでの階層分化だ。インドではムスリムや客家が最も資本投下が必要な部分をほぼ独占し、専門技術も獲得したが、肉体労働にはパラヤなどの前不可触カーストも動員していた。

これに対し、日本の場合、革づくりに必要な資本も専門技術や労働力もすべてかわた集団が担っていたのだ。しかし富があったり高い技術が自集団内にあるのなら、なぜ彼らの社会的地位が上昇しなかったのだろうか。私にはこれが長らく疑問だった。

日本の皮革文化の分水嶺

中尾健二さんの著書（一九九二）によれば、皮肉なことにそれは徳川政権によってもたらされた軍備解除により訪れた平和ゆえであったらしい。農村から都市への大量の人口移動があった戦国時代には、職人たち全般に対する卑賤観や差別観などが消えていき、職人たちの地位の上昇が見られた。戦争が絶えない社会で、革は戦国末期でも軍事物資として重視されていた。臨戦態勢を維持せざるを得なかった大名たちは皮革職人のかわたたちを大事にしていたのだ。なかには技術の高い職人を招聘して城下町に定着させる場合もあった。

豊臣氏が滅亡し、徳川幕府のもとで「平和」が訪れる。大名たちが臨戦態勢を解除すると軍事産業としての皮革の重要性が低くなる。その一方で、かわたの業務も多極化されていく。皮革の生産量が減るにつれて、警察業務の末端の仕事などが増加してゆく。かわたたちのなかには農業に専従する者も多かったとはいえ、それに加えて斬首や仕置き場・牢獄の管理、犯罪人の捕獲などの任務も担う者もいた。これらは一般庶民がいやがる「不浄の仕事」として皮革業とともにかわたの仕事として固定化されてゆく。皮はぎや牛馬の屍の処理、なめしなどはそれまでは百姓も行ってよかったのだが、かわたたちに限定されてゆく。斃牛馬の皮を無料で得る権利はかわたの特権であると同時に賤民身分の固定化だった。穢れをともなうとされる「エタ」身分がこうして固定化されていったのだ。

歴史に「もしも」はないが……

もしも徳川政権が鎖国をせずにずっとアジア諸国との貿易を続けていて、移民すらも許されていたなら――と私は夢想してみる。そうなれば、身分はハイエラルキー的に固定されずに「集団アイデンティティ」としての結束を呼ぶだけの「かわた」として残ったのではないだろうか。彼らのつくった皮革はアジア諸国に買われ、その地位も高まったに違いない。私は東南アジアなどに雄飛していったであろうかわた職人や商人たちをイメージしてしまう。

事実、日本の明治時代の開国後の彼らの活躍を見ると、そうなったに違いないと思うのだ。明治にはいると近代的な軍備が必要とされ、従来のような白なめしではなく、もっと硬い軍靴などを大量につくる必要に迫られる。皮革業は急速な近代化を余儀なくされ、タンニンなめしもクロムなめしも登場したが、またたくまに軍需産業としての革づくりは西欧諸国に追いついてしまう。一八八七（明治二〇）年にはすでにドイツやロシアに輸出するまでになっているのだ。

弾直樹の功績

近代の皮革産業はそれ以前の皮革業と絶縁しているわけではなく、その伝統の上に成り立っていた。多くのかわた部落出身者が近代皮革産業の成立にかかわり、活躍している。

その筆頭にあげられるのが序章で述べた弾直樹だ。彼について、すこし詳しく見ていこう。部落のなかでも皮革業と医師業や薬製造業に従事する家系の人びとは代々富裕であったが、なかでも東の皮革業の元締だった弾左衛門一族はきわめて裕福で、旗本並みの権勢を誇っていた。

維新後、弾はいち早く軍需産業としての近代皮革事業の重要性に着目し、軍部と結びついた軍需品としての皮革産業を興そうとした。それで生業を失った被差別部落の人びとを助けられるのではないかと考えたのだ。

彼は米国人技師を雇い、タンニンなめしの技術や製靴の技術を習得させる伝習所を興した。五〇〇名近くの伝習生を世に送り出し、研修所としては大きな貢献をしたが、本体の皮革工場の経営は行き詰まってしまった。大量発注をした軍部の方針が二転三転していったからだ。結局三井組の北岡と資本提携し、弾・北岡組として工場は生き残ったものの、弾は経営から身を引かざるを得なくなってしまった。晩年、彼は破産の憂き目を見、失意のうちに生涯を閉じたという。

近代皮革産業はよくも悪くも国家の近代軍需産業として成立し、軍や官僚、警察などの靴需要を唯一の柱として成り立ってゆかざるを得なかった。

明治政府がまず頭を悩ませたのは兵隊に履かせる靴だ。輸入に頼っていると膨大な額になるし、日本人の足に合わない。早急に国内産ですべてを賄わなければならない。同時に近代的な靴づくりの技術を習得した靴工を養成し、工場を建てなければならない。しかも、その需要は官公庁を除くと一定していない。それでも、家産を傾けても皮革産業に資本と労力をつぎ込んでいった弾直樹らの努力によって明治維新後わずか一〇年あまりで日本の軍需用皮革製品はすべて国産に切り替わる。さらにロシアへ輸出するほどになったのはさまざまな人びとの協働のたまものだ。

工場の操業よりも職人の暮らしが優先

当時を知る人びとの記憶によると、靴づくりの工程は四～五工程にわかれていたという。西村勝三の工場の記録によると、明治三〇年代では一足の原価は三円六〇銭で、軍への納入価格は四円二五銭だった。つまり諸費用を引くと、靴の生産は原価割れしており、事業が軌道に乗っても決して利幅が大きいわけではなかったのだ。

職人たちの暮らしがたつようにすることを優先すれば工場は赤字でもしかたがない。それが初期の皮革産業を興した弾直樹や西村勝三の算段だった。大正期にいたり、クロムなめしを依頼された職工は、一枚をなめす工賃が四円二〇〜三〇銭だった。これはかなり高い技術料で、革工は毎日人力車で工場に出勤していたほど羽振りがよく、大切にされたという。

関東在来のなめし業者らで弾の配下にあった人びとは当初亀岡町周辺に住んでいたが、次第に西村と弾の工場周辺の新谷町に集積し、木下川（きねがわ）と三河島周辺には靴製造工場が立ち並んでいく。初期の企業家たちの職人育成の努力は報われ、訓練を受けた職人たちをとおして皮革づくりが日本各地に広まってゆくこととなった。

メインストリーム文化としての革づくりをめざして

留学生むけの英語の授業で日本の皮革づくりマイノリティを扱っていると、英語で行われる授業なのに毎年何人か、日本人の学生が参加してくる。参加の理由を聞くと、ある女子学生は、「最近、自分の親から被差別コミュニティに属していたと聞き、その歴史を知りたいと思った、なぜ皮革づくりが穢れだと考えられていたのか知りたい」とはっきりと英語で答えた。「すべてを知りたいと思う」と思い詰めたような表情で語った。「自分のアイデンティティの一部として、日本の皮革づくりのコミュニティの歴史を位置づけたい」

という希求があるのだ。

同時に「近代化」の号令に直面して切羽詰まった状況に置かれた、近代的革づくりを担った先人たちの、とにかく突っ走るしかないという覚悟を想像すると、深い敬意を抱かざるを得ない。現在、先祖にかわた集団をもつ人びとであっても、ほとんどがその世襲業を離れている。それにもかかわらず、やはりこの集団を離れた人びとの子孫たちは、そんな先祖たちに一種のノスタルジアを感じ、日本の伝統の上に成り立つ皮革業が社会から正当な評価を得られるようになってほしいと願っているのではないだろうか。

社会的アイデンティティと所属集団の役割

アイデンティティは自己同一性などと訳されることが多いが、要するに自分とは何か、誰か、を自分で定義し、そこに存在意義や生きがいを見いだすことだ。個人の努力によって個人的アイデンティティは獲得できるが、なにかを達成することである集団に属す（たとえば学校など）ことも、アイデンティティをつくりだす。それを集団アイデンティティと呼ぶことがある。

国や性別、カーストなどが社会的アイデンティティを構成するが、社会的状況によっては個人の受け取り方次第でポジティブにもネガティブにも働く。だが、社会的アイデンティティ理論では、社会的アイデンティティは社会のコンテクスト（文脈）のなかで、自分で自覚した積極的な価値を達成したり維持しようとする動機づけを生むパワーとなると考えられている。そのよい例がアイデンティティのパワーに注目したカスティルスだ。彼は「アイデンティティのパワー」（The Power of Identity, 1997）のなかで、不思議なことに、われわれは情報化時代であればあるほど、村や国・民族などに集団的アイデンティティを見いだしていくと論じている。同時に人はたくさんのアイデンティティを、時にオーヴァーラップさせながら、雑然と抱えて生きている。そして時にアイデンティティ同士が対立をひきおこしたりする。そのなかで、なんとか折り合いをつけながら生きていくものだとも思う。

たとえば所属するある集団を意識するときに、当然「私たち」と「彼ら」を区別することになる。日本対外国とか、白人対ヒスパニック、アフリカンアメリカン対アジア人、という風に自分も外の人間も意識し、対抗することもあるかもしれない。あるいは経営陣対組合員、といった風に労働闘争では働かされている労働者一般として、日本人も外国人もひとつになるかもしれない。

これらをその状況によってどのように意識するかによって力点が異なってくる。自分とはどういうスタンスで生きているのか、どんな人間なのかを理解すれば、その所属集団の規範によって行動しようとすることもあるだろう。

もっとも人間は矛盾に満ちた存在だから、一応「このように」思っていたとしても、行動はそれに反することをしているかもしれない。それが現実だろう。内部で、妬(ねた)みあったり足を引っ張り合う社会的競争と「やっぱりいいな」と無意識に認めてしまう好意主義も混在したりする。だから、アイデンティティと「自尊心」とはすこし違っている。

個人はさまざまな集団に属し、状況によって「自己意識のなかで」移動しつつ、スタンスを変えていく。自分が所属している集団を批判したりすることもある。いってみれば、そのように「移動」したり、自分が所属する集団のひとつを批判し、別の集団に親和性を見いだしたりすることで、人びとはスタンスやアイデンティティを変え、社会的な創造性を発揮していくとも考えられる。それが社会のダイナミズムを呼ぶことにもなる。

社会的アイデンティティを共有する集団が社会的に上昇と成長を遂げていくには集団同士が互いに競い合い、互いを区別するための動機づけを高めていくことがめざされるべきではないだろうか。そんな風に私は思っている。実は、そうやって集団間での競い合いがあるとき、グループ間のバイアスだけでなく、グループ内のバイアスのレベルもまた減少していくと社会的アイデンティティの提唱者たちは主張している。

人種、社会階級、性別、能力、年齢などの社会的アイデンティティのカテゴリーを分類し、それを固定的なカテゴリーとして主体が認識しているかのような分析はあまり意味がないと私は思う。

ディスコース分析に私が共鳴するのは、人びとが無限の連続体として「実践体」ととらえられているからだ。現実と自分が考えていることとの矛盾を抱え、そこでなんとか折り合いをつけながら、人びとは活動を展開させていく。それが無限の連続体として環境との相互作用のなかに生きる人間の姿だろう。

たとえば、被差別部落にかつてご先祖様が所属していたにせよ、その子孫は部落の外に住んでいるかもしれない。それゆえに部落の文化に日常的に触れていないかもしれない。私の授業を取りにきた学生は、かつて父方が被差別部落に属していたと知ってショックを受けたと述べたが、「かわた部落」の歴史、「皮革の伝統」について知りたいと思ったという。私がこの学生にとって最適な教師であるかどうかは別として、過ぎ去った過去の伝統へのノスタルジアを感じるだけでは強いアイデンティティは生まれないのではないだろうか。

所属する集団の人びとが、今もアクティブに生きた伝統を作り続けなければ、文化のダイナミズムは絶えてしまう、と思うのだ。そしてそれには部落の第一の生業である皮革業を日本のメインストリームに売り込み、「日本」を代表するユニークな産業として世界にアピールすることも必要なのでは、と思う。

被差別部落の人びとは、「私たち」と、外の人びとを「彼ら」として区別することに慣れている。この場合の「彼ら」は外の一般日本人メインストリームかもしれないが、視点をずらせば、この「私たち」とは、被差別部落だけでなく、アジアや欧州の皮革マイノリティと共通の「私たち」になるかもしれない。そんな共通の「場」を彼らはもっている。

さらに、日本独自のユニークな油なめしの伝統の上に立ち、そこで世界と勝負できる土俵に立つこともできる。すると、「私たち」の意味がもっと拡大し、世界の革づくりの人びとは競い合うライバルとなるかもしれない。そのライバル関係のなかでアイデンティティは強められる。ひいてはそれが日本という集団内でのバイアスや偏見の減少につながっていくのではないか、と私は思うのだ。

第二章

革づくり人たちのディスコース

日本に来たイベリア半島産の「金唐革」

前章で触れたように、皮革研究の専門家たちによると、徳川政権によって打ち建てられた国家統一は各地の大名の軍備解除により軍需品としての革の必要性を大きく低下させた。それによって皮革の専門職人たちの活躍の場は激減し、高まりかけていた皮革職人の地位も下降していった。しかし軍時品としての需要が減ったとはいえ、江戸時代でも全体を通して軍役制度は活きていた。戦争や戦闘による消耗や破損が著しく減少したとはいえ、軍馬や軍備にかかわる甲冑(かっちゅう)や武具を整えて、日々の訓練を続けることは不変の要請だった。そのため、かわたの皮革上納は続けられたし、お抱え甲冑師もいた。権力者たちは刀のつばの一部や身の回りの煙草入れ、文書箱などの小物品に皮革を使った。江戸時代中期・後期には雪が降っても足もとが濡れないように裏に革張りをした「雪駄」が売れに売れた。

だが飛び切りの革の贅沢品となると、舶来ものだった。一七世紀後半にオランダから輸入された革製品のなかに、金箔を貼った革のタペストリーがあった。紋様を施し金銀の光沢をもった壁革で、将軍や大名らに献上され、商品としても超高値で取引された。豪華絢爛、いかにも堂々としていて権力者がもつにふさわしい美術品だった。しかし驚くほど高額だ。そこで幕府はその技法を真似てみるように国内の皮革職人たちに命じた。すると、播皮革職人たちは技法を研究して真似ただけでなく、それ以上のものをつくりあげた。播磨・姫路で模倣品の制作に成功し、独特の深化を遂げ、姫路革による和製金唐革製品がつくられるようになる。あまりにも需要があったので、肝心の革が手にはいらないこともあった。そこで革の代わりに和紙を使った擬革紙の生産まで起こった。ヨーロッパを風靡(ふうび)した金唐革には革製のものと紙製のものがあったということだ。

英国・ノースハンプトンの皮革博物館のマイケル・ピアソンさんと話していた時、「そうえいえば、キンカラカワについての本があったねえ」と、厚ぼったいカラーの本のなかに載っている金唐革の写真を見せてくれた。その写真は金箔を施した華麗なレリーフが浮き上がる紋様がある屏風だった。日本皮革産業連合会のホームページのなかにある皮革小事典の「金唐革」の項目を見ると、イタリアのフェレンツェでルネッサンス期の一四七〇年ごろに壁の装飾用としてつくられ、日本には一六六二年に伝来したという。基本は植物タンニンなめしの牛革で、銀箔を貼ったりその上にワニスを塗って金色に仕上げるという。もっとも日本では革だけでなく和紙を使ったものも制作されていて、一八七七（明治一〇）年に開催された第一回内国勧業博覧会には、九つのメーカーが擬革紙を出展している。イギリス駐日公使ハリー・パークスが本国の命を受けて金唐革紙を含む膨大な量と種類の和紙と和紙製品を買い集め

革製の金唐革の小物入れ（東京・海老屋美術店提供）

て資料として本国に送った。本物の革製と見まがう和紙製の金唐革紙はヨーロッパで大人気となった。ウィーン万国博覧会やパリ万国博覧会など各国の博覧会でも好評となり、欧米の建築物に使用されたという。

ところで日本の金唐革づくりのお手本となったギルト・レザーは、オランダから日本に輸入された銀箔貼りの皮革屏風で、実はスペイン産だった。当時イベリア半島は有名な革の産地だったのだ。特に、ギルト・レザーは華麗な幾何学模様などが特徴的で、元来イスラム文化のものなのだ。

イスラム文化と皮革

現在のイベリア半島はスペインとポルトガルにわかれているが、以前はひとつの国だった。そして両国とも実は北アフリカとのつながりも深い。イベリア半島は紀元前九世紀にはすでに地中海地域と北アフリカをつなぐ貿易の基地として栄えていて、有名なフェニキア人の集団も沿岸に都市を建設していた。七世紀以降成立したイスラム教は中近東だけでなくアフリカやヨーロッパにも広まり、天文学や建築などでそれまでの西洋社会にない文化を生み出していた。イスラム圏では革は必需品で、あらゆる生活の場で取り入れられていた。革をよりゴージャスにするために金や銀を取り入れ、紋様を浮き出させるエンボス手法などはお手のものだった。

イスラム圏では椅子よりも直接床に座る生活様式が一般的だ。そのため絹や綿より耐久性があり、高級感のある革でできたクッションが流行する。そして、壁を飾るタペストリーも豪華さを示すために革でつくることもあった。イスラム教徒たちは牛馬とともに生活する遊牧民であり騎馬民族なのだ。だからふんだんに革を使う。刀剣をいれる鞘(さや)や盾、ヘルメット、それらを身につけるベルト、ブーツ、馬の鞍(くら)、鎧(よろい)、鞭(むち)、あるいは馬車などの武器や輸送手段だけでなく、革袋にいれてつくるチーズやヨーグルトが大事な蛋白源であり、儀礼に使う太鼓や装飾品にも革が多用される。日本とは比較にならないくらいの革の需要だ。

彼らとしばしば交戦し、文化の交流も多かった西洋の人びとも、次第に彼らの革の技術に魅せられていった。八世紀から一五世紀にかけて、イベリア半島にはウマイヤ朝などのイスラム教の諸王国が建てられたが、この時期は同時にキリスト教、ユダヤ教、そしてイスラム教の文化がこの半島のなかで交流を重ねた時代でもあった。フランク王国が、最終的にキリスト教国の失地回復(レコンキスタ)を果たし、一五世紀にナスル朝が滅亡し、イスラム勢力は半島から姿を消してゆく。だが、八〇〇年以上にわたった交流の場から皮革の文化が消えてゆくことはなかった。

イベリア半島の革職人、ムーア人・ロレンゾ

イベリア半島のコスモポリタニズムは紀元前一〇〇〇年以上も前から続いている。地中海のさまざまな種族が貿易のためにイベリア半島に都市を建設し、紀元前三世紀からは大国ローマによって五〇〇年あまりの統治が続いた。その後ローマの衰退にともなって、西ゴート国などのキリスト教国家が統治を企てたが、イスラム勢力に押されてイベリア半島から一時姿を消した。八世紀から続いたイスラム系の諸王国は最終的に一五世紀にすべて滅亡したが、半島におけるさまざまな文化的足跡はイベリア半島に残された。革づくりで有名なコルドヴァ（スペイン）やコインブラ（ポルトガル）にはイスラム風の建築様式も残っている。建築、天文学、医学などの分野で進んだイスラム教圏の文化と技術がイベリア半島に定着し、他のヨーロッパ諸国にも波及していったのだ。奴隷としてイベリア半島に連れてこられた人びとのなかにもイスラム教徒がいた。

当時ムーア人と呼ばれていた北アフリカのイスラム教徒は、もとはベルベル人をさして

イベリア半島

いたのだが、のちにイスラム教化した北アフリカに移住してきたアラビア人をもさすようになる。北アフリカやイベリア半島には地中海地域から移住してきたユダヤ人も住み着いていた。そしてムーア人（特にベルベル人）もユダヤ人も、ともに革づくりに精通していた。

当時のコルドヴァ周辺は皮革づくりのメッカだった。そしてコルドヴァの革といえば、ユダヤ人とムーア人がつくりあげたものだった。彼らはしばしば北アフリカのモロッコやシリア、エジプトなどでなめされた皮を輸入し、仕上げた。なめし人はユダヤ人が多かった。イベリア半島からキリスト教徒に駆逐されたムーア人は北アフリカのモロッコに皮革の技術をもって帰還した。なめしの技術がユダヤ人によって開発されていたのに対し、細かい革細工はムーア人が上手だった。土着のベルベル人とユダヤ人は通婚しているものもいて、仲は良好だった。レコンキスタののち、イベリア半島に残ったムーア人（ベルベル人）には北アフリカで買われた奴隷もいたのだが、ムーア人もユダヤ人も改宗してキリスト教徒になることを強制された。ギルト・レザー職人のムーア人、ロレンゾが、キリスト教徒としての振る舞いに欠けるとして宗教裁判にかけられた記録が残っているのだが、奇妙なことに自分は神を恐れぬユダヤ教徒だと主張した。ムーア人にとってはキリスト教よりユダヤ教のほうがましだったのかもしれないし、おそらく彼のまわりにはユダヤ系の人びとがたくさんいて、かなり親しい関係にあったのだろう。

その、ロレンゾ・ダ・コスタは一七世紀初頭にイベリア半島のスペインから親方に連れられてポルトガルに移動する。イスラム王国が一五世紀末にイベリア半島から姿を消してから、キリスト教徒の王、マニュエル一世はユダヤ人を追い払い、さらにムーア人も追い払おうとしていた。残ればキリスト教徒に改宗しなければならない。改宗しなければ宗教裁判にかけられて拷問つきの牢屋にいれられるか、あるいはユダヤ人のように焼き討ちにされる運命が待っている。

ロレンゾの両親も彼自身も、キリスト教徒に「一応は」改宗していた。腕のいい革細工職人で、スペインで最初の親方からポルトガル人の親方に売られてコルドヴァに来た。日中は親方の指示で細工をしていたが過酷な仕事を押し付けられる。親方が抱えているポルトガル人のキリスト教徒の職人見習いとの交流は禁止され、彼が仕事を教えることは許されていなかった。夜は鎖につながれ、親方がもっている地下の牢屋にいれられる生活だ。ユダヤ人とイスラム教徒はたとえ改宗しても「新キリスト教徒」といわれ、普通のキリスト教徒とは区別され、夜は門が閉まるゲットー（強制居住区域）に住まねばならなかった。

だが、考えてみれば家のなかに牢屋をつくり、人間を鎖につながないで動物のように飼っておくことには多大な無理がある。結局、奴隷は次第に解放され、一八世紀後半にはイベリア半島から消えていき、ムーア人は徐々にキリスト教文化に同化していった。一方、ユダヤ人は「新キリスト教徒」となっても依然としてユダヤ人としてのアイデンティティを秘かに守り続けていく。その彼らの生活を支えたのは移動しても生活ができる知識と技術だった。彼らは金融業や医薬業、著述・会計業などを職業にするとともに、腕一本で渡り歩ける職人でもあった。なかでも多いのが皮なめし業と靴づくり業だった。

金貸し業、外科医、遠隔商人などは、いずれも高度な技術を必要とする都市型の職業だ。彼らがいると国は発展するし利益も多いので、王侯貴族には金を生む「金の卵」として重宝がられた。他方、彼らの職業は、社会には有用だったが、キリスト教徒にはほとんどなり手のない職業でもあった。当時のキリスト教徒は、一般に地に根差して農民となっているか、パン屋や肉屋、金物屋といった地域に密着した小さな商売をする人びとがほとんどだった。なめし屋もいたのだが、彼らはごく小規模な地元のニーズを満たす人びとで、ユダヤ人と違って遠隔地をめぐり、大きな皮革の商売をする人びとではなかった。

ユダヤ人と革

皮なめしは動物の屍を扱うがゆえにユダヤ教の聖典のタルムードでは卑しい仕事とされている。なめし職人と知らずに結婚した女性は無条件に離婚して、賠償金まで請求できるといわれた。だが帰るべき故国がなく、欧州やイスラム世界で生きていかざるを得ない流浪の民ユダヤ人たちにとって背に腹は変えられない。だから、中近東でもなめし人にはユダヤ人が多かった。

皮肉なことに、皮なめしを経てつくられる革とユダヤ人は歴史的にも宗教的にもかかわりは深く、革は大事に扱われている。旧約聖書やタルムードは羊皮紙に書かれていたし、神から与えられたアダムとイヴの初めての衣は革だった。なめしの手法がタルムード期に開発されてからは革でサンダルや盾などをつくったし、エリヤやヨハネなどの預言者はシンプルなライフスタイルをあらわす表現として、革の衣を着ていた。重要な宗教儀礼には革の靴や革の鞭が使われた。つまり革はユダヤ人社会でも一般の人びとにも身分の高い人びとにも等しく必需品だったのだ。だからこそ、タテマエ上はなめし人や靴づくりは卑しい仕事なのだが、職人としての生活は自律的で、安定的だった。新約聖書の世界にいたっても、さげすまされているはずのなめし屋のところにキリストの弟子のペテロが泊まったりしている。当時のなめし職人が使徒を宿泊させて歓待することができる身上をもっていたことがうかがわれる。

ユダヤ人の横のネットワーク

ユダヤ人は故国のイスラエルを失って以来、流浪の民として生きてきた。そこで頼りになるのは何といっても同胞だ。同じ職種に従事していて、さまざまなフェーズ（局面）でかかわってくれれば仕事はやりやすい。こうしてなめしの仕事と皮革ビジネスが関連してゆき、両者ともにユダヤ人の手中に収められてゆく。作業場でのきつい仕事を請け負う職人であれ、工房を統括する親方であれ、同じユダヤ人で親戚や姻族、その知り合いたちが一緒に働いているのであれば職場の定着率も高いしやりやすい。信頼は一代でなく、何代も続く。まさにカーストやギルドの世界だ。

カーストも、実は横のつながりがとても重要だということは前章で述べたが、それがよくわかるのが伝統的職種の展開ぶりだ。宝石商で有名なジャイナ教徒たちは国際的に金融業やダイヤモンド業で活躍している。ダイヤモンド商人として見習いにはいる若者は必ず親戚の紹介で身元がはっきりしている若者だから、彼にダイヤを預けて顧客のところに行かせても安心だ。ダイヤをもって逃げ出したとすれば親戚一同が迷惑を被るから、若者もめったなことはできないのだ。そういう信頼が網の目のようにコミュニティ内に張られている。

なめし工房の親方が完成品を扱う商人で、革商品をつくり出し売りさばく仕事までをこなそうと思えば、家族や親戚、姻族などを各所に配置すればよい。これらのネットワークを何世紀にもわたって維持してゆけることが集団の経済的発展をもたらす鍵なのだ。

ユダヤ人の災難

キリスト教徒は欧州では利子を取ることが許されず、金貸しをすることができなかった。ところがユダヤ人は違う。彼らのタルムードの教えでは、ユダヤ人同胞からでなく、異教徒からであれば利子がとれる。そこで、商売で儲けたお金を利用して金貸しになり、国際的な商業活動にも従事した。ある土地で迫害されても彼らの技術や才覚を必要とする国々に移住すれば生き残ることができる。彼らにとって皮革業はその経済力と技術力を支える重要な職種のひとつともなった。

イスラム王朝では改宗は強制ではなかった。異教徒は、ジズヤと呼ばれる人頭税を納めれば、居住や経済活動に支障を受けなかった。ジズヤは国庫にとって収入になるし、ユダヤ人は職人や商人として有益なので、追い出す必要はない。むしろ王国の重要な経済活動を担っていた集団として政権からは保護されていた。ユダヤ人はほとんどが都市に住み、職人・専門職・および商人などとして活動し、紀元前からフェニキア人らとともに遠隔貿易にもかかわってゆく。

一三～一四世紀にはユダヤ教徒集団の大体五〇～七七％程度は職人だったらしい。織物関連職人がその職人のうちの三〇～四九％を占めていたが、その次が皮革関連で一五～三〇％だった。ほかに医師・官吏・文筆家といった専門職もまた彼らの領域だった。王の奴隷という地位を与えられ、国王の財産として庇護されることもあった。彼らに危害を加えることは王の財産に傷をつけることになるので許されないという論理からだ。ユダヤ人はその地位を受け入れ、宮廷とともに生きた。ウマイヤ朝下ではギリシャ語やアラビア語を駆使して化学や哲学・文学を論じ、医師や歯科医としても活躍し、イスラム文化を支える存在となった。後のキリスト教政権になると、今度はイスラム文化をキリスト教文化へ移植する役割を担っていく。

体制側から見ると、ユダヤ人は反乱を起こす「熱しやすい」アラブ系ムーア人たちに比べると、きわめて管理しやすかった。彼らをバックアップする国がないからだ。したがって反乱を手引きする恐れもない。ユダヤ人は軍事力も政治的野心もなかった。こんな人びとは王族にとって格好の僕（しもべ）で、使いやすい。

だがキリスト教徒の一般市民はユダヤ人を「他者」とみなして脅威に感じる。異教を信じ、とても金儲けがうまく、金を借りると家や土地まで搾り取られてしまう。一般のキリスト教徒たちはユダヤ人を迫害し、しばしば血祭りにあげた。

ユダヤ人の足どり

ユダヤ人は他の民族に先駆けて都市化し、宗教を神との「契約」ととらえて近代的な自我をつくっていた。王侯貴族や大地主をパトロンとして彼らの財産管理を引き受け、職人から貿易商人へ、そして事業家へと発展・変貌を遂げるのは一六〜一七世紀以降だ。

金貸しとして有能で、国家内の金融サービスを一手に引き受けていたユダヤ人たちは、いったんは有害な人びととして英国から追放された。だが、結局彼らの金融パワーはそれを必要とする現実的な清教徒（ピューリタン）たちによって英国に再び招き入れられる。軍備のためにも大金が必要なピューリタン政権は、アントワープにいたユダヤ人金融家たちを「表立って」呼び戻した。一七世紀のことだ。だが、ユダヤ人はシェイクスピアの一六世紀の作品である「ヴェニスの商人」にも金貸しのシャイロックとして登場する。一六世紀においても、実は決して英国から消え去っていたわけではなかったのだろう。

奇しくもシャイロックのモデルになったのはポルトガル出身のユダヤ人外科医ロドリゴ・ロペスだったとされる。実は彼はエリザベス一世の侍医で、ポルトガル時代から皮なめし業も営んでいた。女王は吝嗇（りんしょく）だったのか、彼女を無料で診察する代わりに、彼になめしに不可欠なタンニンを多く含むシューマックの木の皮を英国に独占的に輸入する権益を与えた。ロペスは皮なめしの収益で金貸し業も営んでいたとされる。シェイクスピアの父もなめし業に携わり、収益をあげて金貸し業を営んでいたというから、似たようなものだったろう。ところがロペスはのちに女王の逆鱗に触れ、首をはねられてしまう。「ヴェニスの商人」シャイロックの顛末を暗示しているようだ。

しかしシェイクスピアは劇のなかではシャイロックを殺しはしない。金の亡者のシャイロックは笑いものにされ、財産を差し出させられるが、悲劇的な最期を遂げるわけではない。「ヴェニスの商人」を読むと、富豪の娘ポーシャと結婚するために親友のアントニオに借金させたバサーニオなどに比べても、悪役であるはずのシャイロックのほうが、ずっとリアリティがあって感情豊かな存在として描かれている。周囲にいたユダヤ人へのシェイクスピアの無意識の近親感ゆえだったのかとも思ったりする。

前述のとおり、シェイクスピアの父も羊などの小動物の皮をなめして手袋をつくる職人だった。皮革で得た利益を金貸し業にも注ぎ込んで裕福になり、それでシェイクスピアを教育したという。英国のノースハンプトンの皮革博物館の館長はこの話を誇らしげに私に語ってくれた。皮革で儲けた金でシェイクスピアがよい教育を受けた、ということが特に誇らしかったのだ。

第三章
北米のユダヤ人

バルセロナのシナゴーグ

二〇一〇年にスペインのバルセロナを訪れた時、二〇〇二年に一般公開が始まっていたシナゴーグ（ユダヤ教の会堂）を訪れたことがある。英国からの帰路にスペインに立ち寄ってバルセロナの近郊にあるイグアラダという古い皮革のまちを訪ねようとしていたところだった。

ローマ時代の石畳がそのままに残るゴシックの建物が続く狭い通りにシナゴーグは建つ。ここはかつてユダヤ人地区だったところで、三～四世紀あたりにつくられたこのシナゴーグはスペインではもっとも古い。一四世紀末に閉じられて以来、その存在は歴史に埋もれ倉庫にされていた。それが紆余曲折を経て二〇世紀末にようやく発見された。アルゼンチン出身のユダヤ人実業家がそれを買い取って修復し、博物館にしたのだ。欧州のユダヤ人たちは色めき立った。なぜならこのシナゴーグはスペインだけでなくヨーロッパでもっとも古いもののひとつと目されたからで、ユダヤ人たちがバルセロナ周辺に三～四世紀以前から住んでいた証でもあるからだ。トーラー（ユダヤ教の聖典）や蝋燭台などを知り合いのユダヤ人たちから寄贈してもらい、スペインにかつて住んでいたユダヤ人たちの足跡をたどる場所が博物館としてスタートした。

一四世紀、そのシナゴーグが閉じられたのは一三九一年に起こったユダヤ人の虐殺のすぐ後だ。バルセロナには当時数千名のユダヤ人がゲットーに住んでいて、その中心にシナゴーグがあった。案内役の青年が口を開いた。

「一三九一年八月五日、一般市民がこのシナゴーグに押し寄せてユダヤ教徒を虐殺したのです。三〇〇名あまりが惨殺され、残ったユダヤ人は強制的に改宗させられました」

難を逃れたのはユダヤの丘と呼ばれるユダヤ人用の墓地に集っていた人びとだった。追っ手はそこにも押し寄せ、その場で改宗するか死かを迫った。やむなく改宗せざるを得なかった。そもそもなぜバルセロナの市民たちがそんな暴挙に出たのだろうか。案内人の青年は続ける。

「実は当時、ヨーロッパは黒死病（ペスト）と呼ばれる病気が蔓延していたのです。ペストは恐ろしい病気でみんながバタバタ倒れてしまいました。欧州では七五〇〇万人以上死んだとされています。スペインでは特に死者が多かったのですが、ユダヤ人はあまり犠牲になりませんでした。それで人びとが怪しみだしたのです。きっとほかの人びとを殺すため井戸に毒をいれたに違いないとの噂がたち、扇動された人びとがユダヤ人を襲ったのです」

聞いていると、なにやら他人事とは思えない。日本でも関東大震災の時に在日朝鮮人が井戸に毒をいれたというデマが流布して流血の惨事を招いたという話を聞いたことがあるからだ。

なめし人はペストにかからなかった？

案内役の若者がバルセロナのユダヤ人の悲劇の歴史を語るのを聞いて、私は興味を覚え、しきりに質問した。だが、ふと気づくとほかの聴衆からは一切質問もコメントもない。悲しそうな表情をしながら、ごく静かにうなずいているだけだ。今考えるとそれはおそらく、彼らにとってはすでに予習済み、周知の事実だったからではないかと思える。

青年は続けた。

「事実は違います。ユダヤ人は律法の教えで食事の前に手を洗うことを義務づけられていたからです。ユダヤ人は当時から衛生的だったのです。ユダヤ人以外は手を洗わずに食事をしていたから、ペストにかかったんです」

私はその話を聞きながら、もっと説得力がある理由を考えていた。それはユダヤ人には皮なめし人が多かったからではないか。

ペストは同時期にロンドンでも大流行していた。ロンドン市民は、あることに気がついた。なめし工房で働く人びとがペストにかからないことだった。ロンドンでもなめし場はテムズ河を隔てた郊外、ガーンジーと呼ばれる地域にあったが、そこでは誰もペストにかかっていない。「きっとなめし工房近くに住めばいいはずだ」。人びとはわざわざなめし工房のあるガーンジーに移住していった。のちに近代細菌学が発達してから、それが正しい選択だったことが明らかになった。

天然なめしに使う動物の糞尿などから醸し出されるガスは、天然のペニシリンだった。

それを作業中に吸っていた労働者たちは、ペストから守られたのだった。仕事はきついが一九世紀までのなめし職人は最も健康な職人集団だと欧州でいわれていたのもそんなことからきていたのだ。だから、私はバルセロナのユダヤ人がペストにかからなかったのも、ユダヤ人に多かったなめし職人のおかげだったのではないかと思ったのだ。ユダヤ人の居住区のなかにあっただろうなめし工房が人びとを救った、と。

このシナゴーグにまつわるユダヤ人の皮革職人たちの歴史を尋ねようと、案内の青年を通訳にして、ラバイ（宗教的指導者）に質問しようとしたのだが、「実はこのラバイは最近南アメリカからやってきたひとで、土地の歴史についても何もわからないのです」といわれ、苦笑してしまった。

考えてみると、イベリア半島では一四世紀以降棄教が強制され、ユダヤ教の「正統派」は消滅せざるを得なかったのだ。ドイツや東欧諸国や英国などでは、たとえゲットーのなかであれ、シナゴーグを建てて礼拝をすることが認められていたのとは大きな違いがある。しかし、ラバイが赴任し、ユダヤ教の伝統が、こうしてイベリア半島にまた戻ってきたということを、イベリア半島に帰還を許されたユダヤ人たちは喜んでいるのだった。

謎の紳士と彼の父親

説明会が終わってからなかに展示されている品々を見ていると、パナマ帽をかぶり麻の白い上下のスーツを端然と着込んだ男性が私に話しかけてきた。つれあいと見える金髪の女性と一緒だったが、二人とも明らかにインテリだ。ユダヤ人観光客のなかにただひとり座っている東洋人の私に興味を抑えきれなかったらしい。日本人だというと、ますます興味をもったらしく、なぜここを訪れたのかと聞いてくる。ユダヤ人と皮革業の関連を調べているのだというと、目を輝かせた。ユダヤ人に皮革職人が多かったという話は知らなかったらしいが、彼の知り合いのユダヤ人の歴史家ならば知っているかもしれない、といいだした。日本人がユダヤ人の歴史に興味をもってくれるのはうれしいらしく、なんとかして助けたいと思ったようだ。

彼はユダヤ系で、プリンストン大学の教授だという。カフカの研究をするドイツ文学研究者だった。私がカフカの「変身」を高校時代に読んでショックを受けたというと、「日本人はカフカが好きなんですよねえ」と満足そうに目を細める。その表情を見て、そういえば、カフカはドイツ系ユダヤ人だったのだと思い出した。

話をしながら、こちらのほうもこの二人連れに興味を掻き立てられていた。二人の英語の違いが気になってしかたがない。ジャーナリストの女性のほうはごく自然な西海岸のインテリの英語で、特にどうということもない。だがくだんの大学教授の英語は、どこか違和感がある。正確すぎる英語なのだ。きちんとしているのだが、母語とは思えないスピードでゆっくりと丁寧に話す。どこか東欧風のような訛りすら感じられる。思いあまって私は出身を尋ねた。すると米国だという。驚いて「ほんとうですか」と目を丸くして聞きなおすと、「どうして」といった風に今度は彼が目を丸くしてこちらの顔をうかがっている。

私はあえていってみた。「実は、あなたの英語は正確すぎるしゆっくりすぎる感じがします。ちょっと東欧風の訛りのようなものも感じられるのです。それはもしかしてご専門のドイツ語の影響なのでしょうか」。すると彼はちょっと考え込んだ。そして、「おそらくそれは自分がニューヨークのブロンクス出身なのでその下町訛りを消すために、エリートが多いスタンフォードにはいってから、努力してきちんとした英語を話そうとしたからでしょう」という。折り目正しく端正で、避暑地から降り立ったような服装に身を固めた教授はとてもブロンクス出身とは思えない。

ブロンクスは典型的な労働者階級が住む地域だ。日本ではユダヤ人というとほとんどが金持ちでインテリだと思われているが、ブロンクスには日々の生活を支えるのに一生懸命なブルーカラーやホワイトカラーが住んでいる。

彼は、ナチス・ドイツの迫害を受けドイツから移住した父親を持ち、苦労しながら奨学金で大学に行き、西海岸の名門大学で勉強して「教授」となった。そんな彼の文化的背景に思いをはせつつ、彼の父親について聞いてみた。

彼の父はヘブライ語でアシュケナージと呼ばれるドイツ系（東欧系）のユダヤ人で、スファラディム（ヘブライ語でスペインの意味）と呼ばれるイベリア半島系ユダヤ人とは文化的・言語的にも異なる。アシュケナージはイーディッシュという東欧系の言語を話し、スファラディムはラディーノというヘブライ語とスペイン語のミックス言語を話すのだ。彼はいう。

「私たちアシュケナージは生真面目で面白みがないといわれます。北米に移住した人たちのなかには金融業や貿易に携わっていた人だけでなく、教育家や技術者、皮革業などの技術を持つ人たちが多かったはずです。スファラディムには神秘主義的・芸術的傾向がありますす。しかし米国に移住した時は、いずれのコミュニティーも収入や社会的地位が高いコミュニティの仲間に助けられたはずです」

シナゴーグを去っていくこの教授夫婦を見送った後、私もホテルへの帰途についた。そして彼の父親がたどったであろう北米での道程について思いをはせた。私がアメリカに住んでいた時、確かにユダヤ系の人びとに会うことが多かった。私の周囲といえば大学関係者が多い。みな高等教育を受け、それなりの収入を手にしている人びとだ。行く先々でかなりの数のユダヤ人に遭遇したが、確かに学界にはユダヤ系が多いな、と感じたものだ。

全世界ではユダヤ人の人口は二〇〇〇万人ほどで、アメリカにはイスラエルに次いで多く、五一二万八〇〇〇人くらいが生活している。三億二〇〇〇万人のアメリカ合衆国で、たったの一・七%だ（二〜三%という説もある）。それにもかかわらず、アカデミックな世界をはじめとして、財界、実業界、政界、メディア界などにくまなく進出していて新聞や書籍でもユダヤ系の人びとが目白押しだ。また、一般に、ユダヤ人の平均収入は他のコミュニティと比較して突出しているとされる。ブロンクスに住むユダヤ人たちを見ていればそうは思わないかもしれないが、それでも極端に生活に困ることはない。生活設計がしっかりしていて、高齢者になっても路頭に迷うことはなさそうだ。他のコミュニティに比べると、安定した生活ぶりだといえるだろう。このような確固とした生活基盤はどこからくるのだろうか。

アシュケナージのジョシュア・ゴートラーさん

アシュケナージといわれて思い出したのは、私が住んでいたアメリカのシアトルで会ったユダヤ人のことだった。謎の教授の父親と同じようにドイツから脱出し、アメリカに一二歳の少年としてわたってきたジョシュア・ゴートラーさんと巡り合ったのはユダヤ系の高齢者介護施設だった。

この高齢者介護施設は全米でもトップ3にランクされるほどすばらしい施設で、米国に住んでいるユダヤ系の人びとのなかでも憧れの的だった。ユダヤ系で高齢者であれば、空きがありさえすれば誰でも入所できる。リッチな人は必要とされる全額を支払い、貧しい人は政府から出される社会保障費で賄われる。それ以上のお金を出すことはない。たりない分は寄付で賄うという仕組みで、寄付金が賄う額は三割を超えていて、社会保障費のみで入所している人も三割強だということだった。

森と湖の際にたたずむ、まるで避暑地のホテルのような施設では、「同胞であれば平等に扱うべき。死を前にしてはみな平等なのだから」といった理念が徹底していた。そこで初めてアシュケナージとスファラディムという欧州からの移住者たちの文化的な差異を耳にした。

アシュケナージとは、ヘブライ語でドイツを意味するが、ドイツだけでなくロシアを含む東欧諸国からの移民をいう。その言葉どおり、やや厳格で、ドイツ的ともいえる冷徹な分析志向があり、ラバイの資格を持つ人には代々アシュケナージが多い。他方、スファラディムとはヘブライ語でスペインの意味で、商業に秀でていて、芸術的・神秘主義的な才能をもつ傾向がある。アシュケナージから見ると、ユダヤ教の厳格な定義を知らず、儀礼などもわかっていない。むろんそれは歴史的に彼らがイベリア半島で棄教を余儀なくされ、ラバイなしに半ば秘教的に隠れて伝統を維持してきた歴史があるからだ。この介護施設で聞くと、その性格の違いははっきり出てくるようで、むろん言語も異なっている。管理運営には全般的にアシュケナージがかかわっているようだった。

ゴートラーさんはユダヤ教の教えについて私に詳しく説明してくれて、伝統的なユダヤ人ならばシャバス（聖なる金曜日）には歩いてシナゴーグに通わなければならないという。それで伝統的な信仰深い人びとはシナゴーグに近いところに住んでいる。

私はシナゴーグの礼拝にも何回か参加した。そこでは男女の座る場所が区別されていて、女性はつばのついた帽子をかぶり、長いスカートを履かねばならないなどのルールがあり、私もそれに従った服装をしたものだ。ラバイの話を聞いて黙とうをした後、ホールの下にある食堂でコーシャー（ユダヤ教の戒律の食物に関するルール）に従ってつくられた食事が振る舞われたが、そこは何といっても社交の場だった。就職の話や移動の話、結婚の話など、いろいろな生活情報が飛び交っていて、みな情報交換に忙しかった。

ゴートラーさんや彼の周囲のユダヤ人たちと話をしてみて、彼らにとってコミュニティの掟が神の教えそのものだと感じた。収入の一〇%をコミュニティに寄付せねばならないことや、安息日には料理もしてはいけないなどの戒律がある。なかでも感銘を受けたのはたとえ親族・知り合いでなくとも、死者が出れば黙って弔って埋めてあげることが最高の徳とされていることだ。なぜ死者を埋葬してあげることが最高の徳なのかというと、死者は「ありがとう」といえないからだという。見返りを期待せずに行う行為だから、最高の無私の行為だというのだ。死後の天国や地獄などの話はない代わり、同胞を大事にし、今の世で施しや義務を全うすることがよりよく生きることにつながる、といった、徹底した現世主義のように感じられたものだ。そして痛感したのが彼らの横のネットワークの強さだ。

北米のユダヤ系皮なめし人たち

一九世紀から二〇世紀にかけて、新興国だった北米大陸に欧州から移住したアシュケナージたちは、米国で大きな社会的成功を収めたが、当初から彼らのスタイルを貫いていた。欧州からのキリスト教徒たちが安くて広大な土地を手に入れて農場経営や放牧にむかっていったのに対し、彼らは点と点をつなぐ行商や大都市での未開拓の市場を開発しようとした。

職人や商人として生きるためには都市に居住する必要がある。住居は買うよりも、借りることが多かった。土地を取得することで、資金を借りる時に抵当になるにもかかわらずそれをしなかったのは、手元に現金を少しでも残すためだった。一方、有利な商いをするためとあらば、たとえ賃料が高くて日々の暮らしは極端に切り詰めなければならなくとも、人びとが憧れる場所、買い物に来やすく見栄えのよい場所に店をしつらえることには出費を惜しまなかった。

女性や子どもたちが店を営業する一方、男性は行商人として長距離を歩きまわった。当時入植者たちは広大な土地にちりぢりになっており、彼らのような行商人は生活に必要なものを運んできてくれるので歓迎された。遠方の都市をつないで物資を届けるついでにニュースも運んで来てくれる。当然それは方々に拡散したユダヤ人仲間をネットワーク化することにもなった。ユダヤ人の小売店主は、ユダヤ人の仲買人や卸売りから物資を購入したし、抵当がない場合でも仲間のネットワークを活用して、非公式で無尽講のようなユダヤ系金融組織を形成していった。そうすることで仲間内で助け合ったのだ。

彼らの小売業のなかには皮革関係のものがあり、なめし業に進出する人びとも多かった。皮革は必需品だったし、つくるにはかなりの技術が必要とされていた。だがなめし工場を開くにはかなりの投資が必要だったから、元手なしにできる職種ではない。お金がない職人たちは、まず先行して操業している同朋のユダヤ人が経営するなめし工場などで働く。そしてお金を貯めて自分の工場を起こし、皮革製品製造にも取り組んでいったのだ。

東欧のボヘミアから一八四〇年代に移住したウェイル兄弟の事例はその好例だ。兄弟は出生地のボヘミアですでに皮革職人としての基礎的な訓練を受けていた。だが移民してから は生活を安定させるためにしばらく行商人や小さな店を営んだ。一六年ののち、ウェイル兄弟商会を立ち上げた。彼らはミシガン州のアン・アーバーに落ち着いたが、そこは狩猟民のネイティブアメリカンが多く、彼らが持ち込む獣皮からつくる毛皮や毛織物・皮革製品が重要なビジネスにつながっている場所だった。彼らは小さなめし工場を買い取り、自ら革づくりを始めた。

その後もウェイル兄弟はビジネスを拡大し、第二のなめし工房をオープンし、シカゴに本社を移した。一九〇〇年代のシカゴといえばなめし業のメッカだ。全米をつなぐ鉄道ネットワークの中心地で、牛をはじめとする生きた家畜がここに輸送され、精肉にされた。ハムやソーセージ工場もある。ここになめし工場をつくるのは当然の成り行きで、かつては四〇以上ものなめし工場がひしめいていた。フレッシュな原料を当て込んで、靴や靴磨きクリームのメーカー、天然の馬毛などを使うブラシメーカーなどもシカゴに工場をかまえていた。

活気があったなめし工場は二〇世紀後半になると開発途上国の安い皮革に押されて見る影もなくなっていったが、今でもシカゴには世界的な皮革メーカーがなめし工場をかまえている。有名なのはホーウィンで、創始者はアシュケナージ系のユダヤ人だ。

ホーウィン商会は一九〇五年にウクライナ移民のイサドール・ホーウィンによって創設された。五世代にわたり、家業としての皮革をつくり続け、世界でもトップクラスの天然なめしの革をつくっている。彼が故郷で皮なめしの技能を習得し、その技術をもってアメリカに移住したのが一八九三年。資本を稼ぐために、イサドールはそれから一二年あまり、シカゴのなめし工場で働いた。そして開いたのが馬革をつくるなめし工場だったというわけだ。同社は、馬革のなかでももっとも高級なシェル・コードヴァン（馬の臀部を利用した高級皮革）をつくっていて、それ以外にも一〇〇種類以上の皮革をつくってきた。

彼らは次第にビジネスを広げ、スポーツ用品、フットウェア、工業用パーツや付属品、家具内装（革張り製品）などの会社に分岐していく。ＮＢＡのバスケットボールやＮＦＬのフットボールも製作しているが、よく知られているのは革靴で有名なティンバーランドとの提携だ。ティンバーランドもまたユダヤ系移民が皮なめし工場からスタートし、グローバル企業になった会社だ。

南北の新大陸に自由を求めて移住していったユダヤ人たちが始めて成功した職種には、皮革業があったのだ。このことはあまり知られていないのだが、欧州でユダヤ人たちが専業としていた職種に歴史的にずっと以前から皮革業があったことを考えれば、彼らが北米でも開拓時代に皮革産業を担っていったことは当然の成り行きともいえる。

広大な北米大陸を渡り歩き、皮革業を盛り立ててゆくにはネットワークの力がものをいった。つまりユダヤ人たちがかつてアフリカと地中海世界、欧州、中東をつなぎ、皮革業を発展させていった歴史にはつねにコミュニティのネットワークの力があったように、そのネットワークは北米大陸で、再びよみがえり、再編成されていったのだ。南北の新大陸に自由を求めて移住していったユダヤ人たちが、かつて欧州で成し遂げたように、北米でも、皮革業での成功によって得られた利益により、他の職種へと進出する切符を手にしていったことは間違いない。

だが皮革業が利益を生み出し続けるには過酷な競争に勝ち抜かなければならない。それには大規模に世界的な展開をしてゆくか、あるいはニッチ（すきま）な領域で超高級品をつくり続け、その職人ぶりによって生き続けるしかないだろう。超高級品をつくるホーウィンの戦略は西ヨーロッパのファッションハウスのやり方に似ている。日本の皮革の世界でも同じような戦略をとる業者はきっといるに違いない。ホーウィンの話を読みながら、そんな皮なめしの会社を捜してみようと思っていた。

第四章

シェル・コードヴァンをつくる人びと

シェル・コードヴァンとは

兵庫県姫路市は古くからの革の産地だ。姫路の高木村は、白なめしで有名で、明治以降の文書にも皮革の産地として登場し、東京の荒川区や台東区と並んで海外の皮革専門家にもよく知られている。英国の皮革専門家に私が「姫路に行く」というと、「羨ましい」といわれるほどだ。高木にある新喜皮革は、馬革のなかでも難しくて手間がかかるといわれるシェル・コードヴァンという高級品を製造している、親子二代でつくりあげた会社だ。

前章で述べたように、米国のシカゴにあるホーウィン社は世界でもトップクラスのシェル・コードヴァンをつくっているが、そのむこうを張っている会社がこの新喜皮革だ。

シェル・コードヴァンとは馬の尻の部分だけを使った贅沢な革だ。それを製造しているのは現在の日本では二社のみ、北米と欧州にも数社しかない。だがコードヴァンという名称もさまざまに拡大解釈されてきていて、必ずしも馬の尻部分だけを使ったものでもないらしい。ホーウィン社のサイトによると、コードヴァンという名称はスペインのコルドヴァからきているという。

英国の専門家たちによると、一六〜一七世紀のコルドヴァで、すぐれたコードウェイナーたち（靴づくり職人）が山羊革を使ってさまざまな革製品を生み出し、評判になったのだという。コルドヴァの人たち、すなわちコードウェイナーが、すぐれた革づくり人、といった意味で、靴づくり職人をさすようになる。靴に関連した職人で、もうひとつの業種はコブラーだが、彼らは新しい靴をつくることは認められておらず、古い靴を修理するだけの人びとだった。それに対しコードウェイナーは新しい靴を、新しい革を使ってつくることができる。だからこそステイタスも高い。

そんなコルドヴァのブランド力が、今度は「コードヴァン」という名称を独り歩きさせてしまう。そして、コードヴァンがいつしか色付きのソフトな高級革をさすようにまでなる。今でも英国では靴職人ギルドは自分たちをコードウェイナーと呼ぶ。それはコルドヴァ産のソフトな革がいかに欧州を席巻したかの証でもある。それに一石を投じたのが一九世紀半ばの新しい革づくりの技法の開発だ。従来なめしに適さないといわれていた硬い馬の尻の部分のみを使った革が出現する。お尻の部分の皮の形状が二つの貝が合わさっているように見えるところから、シェル・コードヴァンと呼ばれるようになるが、このシェル・コードヴァンをつくり出す方法を習得したドイツ人職人がドイツでスピーゲルウェアー（鏡のような製品）という名で売り出した。磨かれたシェル・コードヴァンはぴかぴかで鏡のように光るから、ということらしい。同時期に北米に住むドイツ人とオランダ人のなめし職人がこの技術を北米に移殖して評判になり、革の高級品＝シェル・コードヴァンのイメージは定着した。もっとも、今日、シェル・コードヴァンはあまりにも有名になったので、馬のほかの部分の革を使ったコードヴァンも売られているから、買う時には注意が必要だ。

シェル・コードヴァンの難しさ

馬皮のお尻の部分は繊維が絡み合っていてなめしが難しい。一般的なクロムなめしができない。タンニンなめしでなければなめし液が繊維を通らない。それだけでなく、馬の皮自体、焼き印や傷が多く良質な部分が少ない。馬の肉を食べる人は少なく、原皮自体が高い。食肉用として育てているカナダやポーランド、フランス、イタリアなどから原皮を調達できるのだが、世界中の数社ですでに予約が満杯だ。かつては臀部だけを切り出して取引されるという時代もあったが、コートヴァンのよさが広まって、現在では尻の部分だけでは売ってくれない。結局馬皮一頭分を買わされることになり、値段も高騰した。原皮の需給がタイトなので、新規参入はほぼ無理らしい。

時代や文化によって変わるなめし方

皮なめしは、季節を考慮した動物の捕獲、皮剥ぎ、除毛、肉や脂肪の除去、なめし媒材の塗布、乾燥、燻煙などの複雑な工程を経るものだ。この工程には民族ごとの違いが反映されていて、イヌイットやアメリカン・インディアン、サハリンや北海道のアイヌ、ウイルタ、ニブフといった民族のそれぞれのなめし方は微妙に異なっている。それくらいなめしの手法は文化の一環でもある。だが今、世界の皮なめしの手法で一般的なのがクロムなめしだ。柔らかい婦人手袋や衣服などはクロムなめしが適しているし、天然なめしは鞄や靴、財布などに使える硬い革や特殊な革をつくることができる。

私たちの使うほとんどの革はクロムなめしでつくられている。クロムなめしは三価クロムを使用するなめし方で、一八五八年にアメリカでドイツ人技師のクノップにより発明された。その後アメリカで特許申請されて北米大陸では急速に取り入れられていったのだが、保守的な欧州のなめし人たちがクロムなめしをしぶしぶ取り入れるのは二〇世紀にはいってからだったという。そうせざるを得ないほど皮革の需要は逼迫(ひっぱく)していたからだ。

革は生活の必需品で、特に西欧や中近東は靴の文化なので硬くて丈夫な革が必要とされる。軍需品にも不可欠だ。中世の終わりとともに、人口が増え、時間がかかる天然なめしだと、量的に間に合わない時代がやってきた。日常履く靴が大量に必要なだけでなく、軍事面での需要が大幅に増えた。近代戦争の幕開けとなるのがナポレオン戦争で、ナポレオンは行く先々で徴兵して大規模な軍隊をつくった。これを機に欧州の国々では徴兵制度が敷かれ、一〇〇万人単位の歩兵などが出現する時代に突入する。ブーツをはじめとする革製の軍需品の調達が間に合わなくなってくる。たくさんの人に安く、早く靴を履かせなければならなくなった。必要は発明の母だ。そこでクロムなめしが登場してくる。

クロムなめしとは

クロムなめしとは、金属なめしの一種で、塩基性硫酸クロム塩を使用して、合成剤（硫酸クロム、重クロム酸ナトリウム、カリウム塩、クロム塩など）を用いる。素人には難しく感じるが、日本皮革技術協会の説明を簡単にしてみると、こんな具合だ。まず原皮を水戻しして、水・石灰・硫化ナトリウムと水硫化ナトリウムによる石灰脱毛を行う。脱毛が済んだら塩化アンモニウムや酵素剤を用いて二段階にわたって脱灰する。脱毛した皮を水洗いしてから、水・食塩と硫酸・ギ酸等の酸に浸し、PHを三・〇程度に調整する。その後で、クロムなめし剤を添加して一時間ほどドラムにいれて攪拌し、なめしを施す。なめし終わった皮はクロム塩のせいで青色をしているため、「ウェットブルー」という名称で呼ばれている。それぞれの加剤作業の後には丁寧な洗浄工程が必要だ。それを完了しないと次の作業に入れない。そんなわけでここでは極く大雑把な工程しか述べないことにする。

実際私も何度かなめし工場に足を運んでいるので、ドラムから取り出されたウェットブルーを見たことはある。水を含んでいてぶよぶよしているが、その水を絞り、厚みを調整するためシェーヴィング（裏削り）を行う。その後で重量を測定してから、また水洗をし、重炭酸ナトリウム等で中和させ、再度ドラムにいれてなめしをかける。その後染色し、同時に柔軟性をつけるために油脂を六〇度くらいの水に混ぜてドラムに投入する。

結構面倒に見えるのだが、これでも天然なめしと比べると格段にかかる時間が短い。塩基性硫酸クロム塩などの薬品の開発がコラーゲン繊維腺との結合を容易にし、ドラムと呼ばれる大きな樽型廻し機械が開発されたことでなめしに要する人力が大幅に減少したことも時間短縮に貢献している。ドラムの導入で人間の足に代わって革を攪拌し、柔らかくすることが可能になった。脱水して延ばし、型を整えてから乾かして削る。スプリッターで分割し、加工できるような「革」に仕上げる。革を削る前に背割りをして二枚に分割する場合があるが、この方法が一般的だという。その後で染色を行い、私たちが見慣れた鞄や靴をつくるための革素材ができる。大きな工場だとそこまでするのに数日しかかからない。

タンニンなめしとは

タンニンなめしの場合は全然違う。樫の樹皮やミモザなどの天然なめし媒材を使ったタンニンなめしにする状態までに三カ月くらいかかる。もっともタンニンなめし自体、日本にはいってきたのは一九世紀の後半、明治期のことだ。それまで日本では、全国どこでも油なめしの手法だった。毛抜きした皮をぱりぱりに干した板目と呼ばれる長方形の小片にして出荷していたのが江戸時代までだ。血や肉片がついた原皮のままであれば、毛がついた表面を内側にしてたたみ、室のなかにいれて発酵させてから毛を抜いてゆくというやり方や、川や海水で洗い、油と塩で揉んで、人力で長時間踏み込み、摩擦による熱と圧を加えて柔らかくしていくやり方で革をつくっていた。それが日本で一般的だった白なめしの手法だ。

タンニンなめしの手法は明治期にはいってきたとはいえ、実はあまり広まらなかった。濃度の濃いタンニン槽から少しずつ濃い液槽に移して漬ける工法は、イギリスで発明されたのだが、「どぶ漬け法」などと呼ばれて日本ではあまり歓迎されず、タンニンエキスが抽出されるまであまり普及しなかった。何よりも設備と場所をとったからだ。

むしろ足で長時間踏んで、柔らかく強靭な革をつくるほうが好まれていた。戦後は足でもむかわりにドラムが普及した。明治期に始まったタンニンなめしやクロムなめしは軍事用の革づくりなどに用途が限られていたらしく、ニッピや山陽皮革のような大きな企業しか行っていなかったのだ。その他の中小なめし工場では第二次世界大戦後までずっと白なめしだったという。

白なめしとは

白なめしで有名な姫路の高木村には、市川という河川がある。この川が硬水なだけでなく毛を抜きやすくするバクテリアが生息しているため、なめしにうってつけだった。川につけておくと毛が抜けやすくなったからだ。原皮から発酵させて毛を抜きやすくすることも行われていた。

川に何日か毛がついたままの原皮を浸しておく。毛根が開いて、刃のない銑刀でも押抜きで脱毛できる。

脱毛が終わると、皮に塩と油が擦り込まれる。長い作業中に原皮が腐敗するのを防ぐためと、柔軟化を助けるためだ。塩と菜種油をつけながら、足で数百時間ももんで柔らかくする。そのプロセスは一カ月以上かかることもあった。

日本では、牛や馬のような大きな動物の皮よりも、鹿の皮が大量にとれて、一般的に使われていた。鹿の脳を使った脳漿なめしが多くなされていた。これはひどく悪臭がするので一般の農民が鹿のなめしをするのは許されていたとはいえ、難しいことだったろう。

姫路はわけても油を使って牛や馬の原皮を足で踏み込んで柔らかくしてなめした「姫路の白革」の質の高さで江戸時代にはすでに全国に知られていた。その中心地が高木村だ。今でもこの周辺とたつのを加えると一〇〇社以上が操業している。ちなみに西日本では二九〇社あまり、関東を含めると三三〇社を超えるタナーが操業しているが、西日本の中心は兵庫県の姫路とたつのだ。そのなかでも異彩を放っているのが馬革のみを扱っている新喜皮革だ。

ホーウィンか新喜か?

ある夜のこと、私はインターネットで姫路にある皮革の工場を調べていた。そうすると、新喜（Shinki）という皮革会社がヒットした。かなり有名らしく、英語での検索にひっかかってくる。「ホーウィンかシンキか、キミならどっちを選ぶ?」というサイトが出てきた。

ユダヤ系の会社で、コードヴァンをつくる有名なホーウィン社と新喜皮革は並び称されているらしい。遭遇したサイトはヴィンテージもののジーンズや、高級自転車や革のジャケットなどを議論する玄人好みのサイトで、自分たちがもっている知識を披露しながら

「好きなもの」について品定めをしていくサイトらしかった。

「シンキって、世界でたった二社しかないシェル・コードヴァンのサプライアーのひとつだよ。日本の最高級の馬革のほとんどがここから出ている」

「僕はシンキのほうがどちらかというと好きだ」と誰かがいう。「日本の職人としての強いこだわりがある」。

「日本人ってやたらにクオリティにこだわっているんだ。まあ、日本人のある集団が一度何かを『しかるべきやり方』でつくろうと決めたら、すごい結果になる。技法も工程も、染色も、徹底的に同じようにつくる」

「シンキのシェル・コードヴァンは世界で一番尊敬されている、一番高いシェル・コードヴァンの会社だ。植物なめしでやるから、オーダーしたのが手元につくまで六カ月かかる。もっとも彼らがシェル・コードヴァンのなめし皮自体をつくるのには一年かかるんだけど。まるでワイナリーでワインをつくるみたいだろ」

「まずミモザの樹皮を溶かした溶液に皮をつけておいて、それを引き上げてタンニンの濃い液に移す。これを何回もやる。革のグレイン（粒）が縮まって完璧なバランスになって、それが表面に浮き出てくる。傷や伸びがなくなって見事な仕上がりだ」

「シンキがそんなにいいんなら、ホーウィンはどうなる？　僕の意見だと、ホーウィンだ」

こんな風にうんちくを傾けた話し合いは続いていくのだが、シンキに直接連絡をとって英語でしゃべって注文しようとした人は失敗したらしい。典型的な日本の会社らしく、英語での注文は受け付けないのだ。読んでますます新喜皮革に興味がわいてきた。

最高級品のシェル・コードヴァンは光沢があり、曲げてもしわにならずに経年変化を楽しめる超高級革だ。まさに手仕事の世界なのだが、革づくりは昔からどこでも「企業秘密を漏らさない」ことになっている。どの染色屋と取引し、どの業者から原皮を買い、いくら払っているか、といったことすら漏らしたがらない。代々欧州やアジアの皮革づくりの家は秘密主義が多い。それがともすれば「あの人たちは私たちとは違う、特別だからね」といった見方を一般大衆からされる要因にもなっていく。

フランスのアルザス地方の革なめしの研究者によると、アルザス地方でも、革づくりは秘密の技術で、かつては魔術のように見え、難しく、経験がモノをいう世界だった。コンピュータを使って染色の調合ができるようになった今でもコンピュータで制御できない部分があるというのは英国の専門家だ。英国の業界紙の編集者などは、「コンピュータで調合できる」と言い切ったのだが、なめしの職人に聞くと、「明確に違う」と言下に否定した。ひとつひとつの皮の性質や色むらが違っていて、同じ調合であっても違う色になる。それをスプレーなどをかけて染色を均一にするのは職人芸なのだ。ましてや生き物としての馬のそれぞれの皮の繊維が違うのだから、同じ処理をしても均質的な仕上がりは難しい。それをできるだけ均質的にムラなくつくるのが職人の経験なのだという。

新喜皮革の芳希さん

姫路の高木村にある、新喜皮革の専務の新田芳希さんを訪ねてみた。芳希さんは、片耳にピアスをつけ、ぽっちゃりして愛嬌のある笑みを浮かべた若者だった。まちで会っても到底専門技術者とはわからない。

だが馬の皮なめしの話になると饒舌になり、専門的な知識がよどみなく出てきて、いかに研究を重ねているかが伝わってくる。

大正、昭和の初頭にかけて、芳希さんの父親である常喜さんの父は、兄の経営する会社で亡くなるまでずっと外交員をしていた。革づくりにかかわっていたのはむしろ母方だったらしい。常喜さん自身は皮なめしをしている母親の知人のところに修業にだされた。中学から高校にかけて、放課後は毎日革づくりを手伝っていたという。

そして一九五一年、まだ日本の経済が敗戦から完全には立ち直っていないころ、常喜さんは妻とともに馬革製造専門の新田商店を創業する。そのときふとしたことから馬の尻の部分を生かしたコードヴァンに興味をもち、研究を始めたのだ。

試行錯誤が続いた。千差万別の皮を均一になめさなければビジネスとして成り立たない。次第に自信がもてるレベルになったとはいえ、利益を出すにはいたっていなかった。利益をあげるには量産しなければばならない。当初は尻の部分の皮だけを少し分けてもらうことができたが、大量になめすには、馬皮の原皮を一頭ごと、千枚単位で買わねばならない。そうなるとコードヴァンにならない他の部分は手早くクロムなめしをして、無駄なく使わなければならない。それやこれやを考えて利益を出すのが大変な世界だった。

創業から二〇年経って、常喜さんは本格的にコードヴァンを始めることを決意、東京の墨田区で当時唯一植物タンニンなめしのコードヴァンを製造していた工場に通い詰める。十数回通い、ようやくその技術を手に入れた。そして一九七三年に、あらたに設備投資をして夫婦でコードヴァンを試験的に製造してみることになる。タンニンなめしに必要なピット（タンニン用槽）は一〇基から始め、それから一〇年後には二一〇基となっていた。

当時の月産枚数は丸革約一五〇〇から二〇〇〇枚だった。これは十二分に採算がとれる量だが、利益を安定させるのには工場を拡大する必要がある。

ドラム、タンニン槽、自動塗装機械を設置するのと前後して、息子の芳希さんは一九九一年にフランスのリヨンへの留学を決意する。彼の帰国を待って、新喜皮革はコードヴァンの仕上げ工程すべてを行う工房へと発展した。あとは順風満帆の展開ぶりだ。

芳希さんは理系で、大学では工業化学を専攻したが、それも後継者としての自分を意識したからだった。「大学を卒業したら、ともかく外国に行こうと思っていました。リヨンにしたのは、パリ、マルセイユにすぐ行けるので便利だったことと、英国などと違って気候がいいこと」だった。そのおかげでフランス語もマスターし、原皮の取引先とのつながりもできた。リヨンには高価な革製品を売るブティックがひしめいていて、毎日見て歩くだけでも勉強になる。ファッション感覚を肌で感じるのにも適していた。話を聞いていると、結局リヨンで正解だったのだな、と思えてきた。

「欧州では皮革に携わる人たちはステイタスが高く、誇りをもって働いている」と彼は感じた。「日本でも皮革専門家の社会的地位をあげないといけない。それには高級品を生産して職人の収入もあげないといけない」と気づく。最高の品質をつくりあげるには誰も持っていない技術をもつことだ。帰国後は、なめしの溶剤を取引先の薬品屋と一緒に改良し続け、どんな原皮でもいつでも均質的で上質な皮革になめせるように研究を重ねていった。「もう、コードヴァンではうちが日本のどこの工場より仕上がりは上ですよ」と今では自信の笑みを浮かべられる。

とにかく革に関することをしてきた

「九〇年代、革はめちゃくちゃ儲かったんです。同業者のなかには不動産や株、ほかの商売に手を出す人びとが結構いました。でもうちはそんなやり方をしなかった。とにかく革に関することしかやらなかった。当時レストランや土地などに手を出した人は大抵失敗してつぶれてしまいました」。一九七〇年代の初めであれば、製造した革はすべて販売できていた。「それなのにわざわざ原皮を二枚に切って分けて製造するのはばかだ」と同業者にいわれていた。常喜さんは「難しいことをばかみたいに一生懸命やっている変人」と思われていた。

芳希さんの順調ぶりを見て真似しようというところも当然出てくるが、「そんなに簡単につくれるわけじゃあないですよ」と芳希さんは笑う。「千枚つくるなかで二〜三枚成功することもあるかもしれない。でも残りはだめっていうんじゃあ商売にならない。安定的に千枚すべてが売り物になるようでないと」。「皮は生き物だから一枚一枚全部違う。部位によっても同じじゃない。それをどの皮も均一に仕上げるというのはとても難しいことです。春夏秋冬があり、皮の状態も変わってくる。手が抜けません」。

コードヴァンは馬皮の特殊な繊維層の部分を使う。ごく一部にある、隠れている層だ。肉部分に接している裏面と銀面（毛と表皮を除去した真皮の表面）と呼ばれる表面の間にある層で、このデリケートな層を削り取るだけでも超プロの技だ。それを均質的になめし、

生皮をカットする指示を出す

シェル・コードヴァンのでき具合を見るレッドウッドさん

その後でまたさらに均質的に削り取らなければならない。臀部を的確に探り当てて切らなければ胴の部分が小さくなってほかに使えなくなる。馬の臀部の皮は傷つきやすく、脂肪が少ないので取りにくい。切り取るというだけでもこれだけの綿密な作業だ。皮削り、染色、油入れの仕上げ工程もそれぞれに経験のある親戚一族が工場の外でかかわっている。いわゆる横のつながり、ネットワークだ。親戚ならば廃業したりほかに企業秘密が漏れることもないが、分業しなければならないほど各部署が難しい技でもある。

芳希さんの工場には若い人も多いことに気づいた。工場にもデザインや修理部門にも若い職人が多い。だが、近隣地区からの若者は少なくて、ほとんどが外からの応募組だ。全国に募集を出すと、革づくりをしたい若者が集まってくる。

「うちは社員寮も福利厚生も完備しているし、給料は大手の工場にまけないです」。周囲の人びとが高齢化していき、姫路の中小なめし工場の多くが店をたたんでゆく。途上国でできる安価な皮革に押されて日本の中小の皮革工場はほとんど利益を出せないでいるが、国産の超高級皮革への需要はある。新喜の工場でできるコードヴァンは一〇〇%買い手が決まっている。

英国の皮革スペシャリストのマイク・レッドウッドさんは「皮革産業でこれから生き残

ろうとすれば、先進国の厳しい基準を満たすような環境に配慮し、大規模で効率的な生産ラインをもつか、あるいはきわめて特殊な製品を扱う小規模生産工場に行きつく。その中間は早晩淘汰されていかざるを得ない」といっていた。芳希さんと話していて、レッドウッドさんが来日したら、必ずこの会社に連れてこようと思ったことだった。

新喜皮革再訪

芳希さんをインタビューしてから一年後、再び新喜皮革を訪れた。今度は英国の皮革専門家のレッドウッドさんと一緒だ。

イタリアに皮の買い付けに行っている芳希さんは留守で、父親の常喜さんが応対してくれた。芳希さんが何度となく引き合いに出した、芳喜さんの尊敬する「皮革の専門家」だ。革が大好きで、今でも一年三六五日工場に来て真っ先にシャッターを開ける。七〇歳をとうに過ぎているが、小柄な体を機敏に動かして工場と事務所を行き来している。

天性の社交性をもった人なのか、一言二言話すだけで打ち解けてしまい、「ほな、お昼は寿司屋に行こか」と言いだす。思わず「うん！」と相槌を打ってしまう。どこかで出会ったことのあるこの近しさの感じは何だろう。考えてみて、ようやく私が若いころ毎年訪ねていた田舎の大叔父がもっていた雰囲気とそっくりだと気がついた。訪ねていくと、一番おいしいと思われる村の「食堂」にタクシーで連れて行ってくれたものだ。

だが私の大叔父が住んでいた村などとは比較にならないほど姫路は大都会に見える。何しろ新幹線の「のぞみ」が停まる駅だ。とはいえ、ここは大叔父が住んでいた村と同様、姫路市の一角でもれっきとした「高木村」という村でもある。常喜さんへの近親感に彼が住む村の雰囲気がつくり出すノスタルジアがある。芳希さんが留学から帰ってきて跡目を継いだのは、革の面白さに開眼しただけでなく、自分の帰る心地よい場所が確保されていたからなのだろう。

常喜さんと革

「うまくいったのは八割が運やろな」と、常喜さんは来し方を振り返り、懐かしむ。その成功ぶりにも淡々とした様子だ。芳希さんをフランスに留学させる時も「まあ自分の代でこの工場は終わりだな」と半ばあきらめていた。「留学したら、帰ってこんと思うとった。まさか帰ってきて本気で稼業を継いでくれるとは思うとらへんかった」。

当時のことを思い出して、息子が帰ってきて本気でタンニンなめしに取り組み始めたころを思い出し、いまだに信じられない、という風に目を丸くする。コードヴァンの生地や二次加工品を顧客に満足して買ってもらうのが自分たちの仕事冥利だという。「お客さまに満足していただくためにますます努力します」というわけだ。

そんな生き方に共鳴したのか、革好きの若者は全国から集まってくる。そんな若者たちの「若いエネルギー」に社長は全幅の信頼をよせているようだ。

新田常喜さん

一〇年以上働いていて、今は「専務」の肩書を持つ長髪の若者が差し出した名刺を見ると、日本語に英語が併記してあった。「彼は英語が話せるよって、工場見学は一緒にいったらええわ」という。なめし工場が次つぎと閉鎖されている周囲をみるだに、世界に羽ばたこうという気骨のあるなめし工場があることが心強い。

事務所の上は屋根裏になっていて、がらんとした広いスペースがとってある。新喜の自社ブランドのWarmcrafts Manufactureのロゴが大きくはいった超大型のトランクがでん

海外から輸入されてきた原皮

と置いてある様子がまるでルイヴィトンの荷物鞄の展示場を思わせた。毎年何回かは全国から新喜のレザーを使っている業者を集めて展示会などをやるそうだ。革好きの人びとが集まって数日間ワイワイと騒ぐ様子を想像するにつけて、今の高木村の寂れ方とは不釣り合いな感じさえする。

事務所にも若い男女が一心に手仕事をしていて、活気も感じられる。デザイン事務所のような「アートな空間」だ。ふとその一角を見ると、何人かのスタッフが財布やバッグの淵に接着剤を塗ったり細くミシンをいれたりしている。「自社ブランドもここでつくっているんですか」と聞くと、「いや、あれは修理や」という。「うちの製品買うてくれたら必ず修理しますよってな」。

新喜のシェル・コードヴァンは小物の財布でも最低二万円以上する。鞄など、ものによっては一〇万円を軽く超える。「使い込んで愛着をもってもらえるよう、修理は全部受けてますんや。それで顧客とのつながりもできるよってな」と常喜さん。そんな贅沢ができるのも、なめしから製品までコードヴァンの耐久性が知られているおかげだろう。

整然とした職場

新喜の革は、高級皮革ブランドとして有名な国内メーカーからほとんどが買い取られているが、最近自社ブランドも立ち上げていて、大阪には直営ショップもあるという。「やっぱり直営店は、ええな。お客さんの声が直接聞けるっちゅうとこが。何がほしいかとか、どこを直してほしいとか、いろいろわかるよって」。消費者とつながっているというのがうれしそうだ。

購入者からの修理依頼品を直すスタッフ

同行していた英国の皮革研究家のレッドウッドさんは、常喜さんの「皮革好き」に共鳴してすぐに打ち解けた。工場を見てまわりながら、きちんと片付いていると感心していた。タンニンなめしの浴槽がある工場は年季がはいっていて、窓枠が黒ずみ、ガラスも汚れているし渋色をした液体で溢

整然と並べられ乾燥される革

年季がはいったドラム

れている。使い込んだ床や梯子やドラムには錆もほこりもついているが、プロの目で見た「片付いている」はちょっと違う。通路に余計なものがなく、ごみや不要な布きれなどは落ちていない。整然としてつまずいたりしない。すべったり、取り扱い注意の薬品で事故が起きたりしないようにすることは工場の安全操業のためには必須だ。工場の管理運営がしっかりできているかどうかは業績にも跳ね返ってくる。「この企業がうまくいっているかどうか」の評価基準でもあるという。外からの視察者たちはそんなところまでよく見て予測しているらしい。なるほどと私は感心するばかりだ。

芳希さんは原皮の買い付けで欧州に出張中だったのだが、「原皮の調達で大分苦労しとるらしいな」と常喜さんは同情しつつもなんの助けもできないので、ただため息をつく。おそらく原皮をめぐってすさまじい争奪戦が繰り広げられているのだろう。去年より高い価格で仕入れなければならなくなるのだろうか。何しろ世界の原皮マーケットでも馬皮は今争奪戦だ。良質の原皮が入手しにくくなっている。なめした革の品質の良しあし以前に、別の戦いを強いられている現実がある。

日本の革は世界のトップレベル、なのだが……

レッドウッドさんに、日本の革は技術的に世界のトップクラスに追いついているかどうか聞いてみた。すると、意外な答えがかえってくる。いわく、「日本の革はトップレベルだ」。

だが、国際的に知られている皮革メーカーというと「ミドリオートレザー」だけだという。いわれて調べてみると、これは山形にある企業だった。

いまいち世界で通用するものが出てこないのは、日本の中小タナーたちが、国内の革製品のメーカーやデパートなどに販売先を依存しすぎる点に問題があるのではないか、と素人ながら考えてみる。傷がついていたり、ムラがあったりするのは個体としての革ならばしかたのないことなのだが、日本のメーカーは消費者から文句がつけられない、よりトラブルの少ない、買いやすい、「安い」革の注文をする。それに従っていると、結局平均的な難のない革になるが、面白みがない。

ある皮革業者はいう。浅草で開かれる革の展示会がある。タナーのブースを見に行くと、とてものびのびとして、独創性のある革を目にすることもある。それはメーカーに要求された革ではなく、彼らがつくりたい革だからだ。

とすると、タナーたちがメーカー経由で聞く「要望」は果たして真実なのだろうか。もしかしてその要望はメーカーがつくりあげた「自分たちにとって都合のよい革」でしかないのではないか。今日のグローバル化の波のなかで、日本のメーカーがグローバルなトレンドをそれほど細かくつかんでいるとは思えない。そう考えると、確かに常喜さんがいうように、直営ショップで直接消費者の声を聞くのが一番早いことに違いない。もっとも新喜さえ、シェル・コードヴァンを除く馬革の販売にはまだ気を許せないという。普通の馬革だとクロムなめしもやっている。コードヴァンだけでなく、つくった馬革を一〇〇%売るにはどうしても直接の販路を広げなければならないのだ。

レッドウッドさんは常喜さんの「直営ショップから直接お客さんの感想を聞く」というスタンスに共鳴していた。厳しい皮革ビジネスの世界ではグローバル化によって「何がよい革なのか」をむしろ消費者のニーズが決める時代になっている。消費者は一様ではなく、「安くて革であればいい」という消費者もいるし、「キャラクターのある革を」という消費者もいる。両方のニーズをひとつの工場で満たすことはできない。

「この工場は確かにすばらしいし、シェル・コードヴァンはますます希少価値になっているから、とても魅力がある。超高級ブランドをもつ海外の大企業に声をかけたらすぐにでも自分の傘下にいれたい、提携したいというはずだ。ブランド力を早くつけようと思ったら、それが手っ取り早いだろう。だけど……」と、レッドウッドさんは腕を組んで思案した。

「私は新喜がそんな風にどこかの傘下にはいってほしくない。そうなったらこの会社の独自性が失われてしまう。やっぱりちょっと時間がかかっても、独自のブランドをつくりあげて、それで勝負していくべきだね。ここはそれができるタナーだろうと信じている」

第五章

アジアの革づくり人たち

インドネシアのハルヨノさん

インドネシアの西ジャワにあるボゴールは、一八世紀後半から一九世紀にかけて、オランダ植民地下で急速に発展した街だ。今は田舎町なのだがインドネシアでも有数の皮革の産地だという。英国の皮革専門家のマイク・レッドウッドさんから、インドネシア皮なめし協会は本部をここに置いているといわれ、ぜひここを訪れるように勧められた。

インドネシア革なめし協会会長のハルヨノさんは、客家（はっか）という中国南部を起源にもつ華僑の末裔だ。彼は工場をこの地で操業している。ボゴールに協会本部があるのは、なめし業者が周辺に多く、ジャカルタよりも便利だからだという。

ハルヨノさんは、なめし協会をぜひとも外にむかって開けた組織にしたいと望んでいた。閉鎖的だった皮なめし業界を外にむけて発信するため、インターネットにホームページをつくり、なめし協会のニュースや訪問してくれた海外のゲストの話などを載せた。インドネシア国内のなめし業者の地域別リストを載せ、コンタクトしやすいように電話や住所などだけでなく、メールアドレスまで書き込んだ。会ってみると、私の研究にとても関心を示してくれ、ほかの国々のなめし業者たちの歴史がどうなっているか興味があるともいった。

この協会のメンバーに教えてもらったのが、インドネシアにおける日本人の貢献だ。

「私たちは一九七〇年代まで、なめし方を知らずに牛が死ぬと埋めていたんです。日本からきた手袋づくりの業者がなめし工場から手袋生産まで私たちと共同経営してくれて、きちんとしたキッドの手袋づくりを教えてくれた。彼らがつくったゴルフ用の手袋ときたら、すごくなめらかで強いのにぴったりしていてほんとにすばらしかったんです」

この手袋づくりの人びとはやがて撤退し、現地ではインドネシア人の経営する工場が増えていったという。だが、この地で皮革業というと、まず思い浮かべるのが「客家」という華僑集団だということは、ハルヨノさん自身から聞かされた。

彼はインドネシア人でインドネシア風の名前を名乗ってはいるのだが、華僑で、客家だ。インドネシアにむかう前にレッドウッドさんから、「インドネシアもマレーシアも皮革関係はみんな中国系がやっています。中国系以外の皮革業者に会うことはまず珍しいでしょう」といわれたことを思い出した。

客家とは

華僑というのは中国大陸でも華南地方（福建省、広東省、海南省、広西チワン族自治区などの中国南部）から移住してきた集団で、なかでも客家は皮なめしや靴産業と結びつきが深い。

「客家はアジアでは皮なめしや靴づくりで知られていて、その点この業種に私も抵抗がありませんでした。私が皮なめし工場を始めたのは父が友人たちと経営していた大きな皮革製品の店を手伝うことになったからです。大きな店だったので、できたものをいれるより自前でつくったほうが安く済む。だからなめしをすることにしたんです」

協会から紹介されて皮なめし工場を五軒まわってみたが、いずれも客家か、マレー系と客家による共同事業だった。タイやマレーシア、インドネシアでも皮革の店や靴工場経営者などは客家が多い。そして彼らの特徴はグローバルなことだ。国籍はあまり関係なく、自集団のネットワークを大事にする。メールで情報交換をすると、ハルヨノさんはいつも違う国から返事をくれた。出張先は香港、タイ、台湾、マレーシア、シンガポールなどだ。おそらく彼は毎週どこかを飛び回っているのだろう。同胞との協働ビジネスやネットワークがあるのだ。自分が客家だと名乗った後で、「ビジネスをするならば、私たちは自分のコミュニティの人間をパートナーにします。信頼できるからです」と話した。

皮革業だけにとどまらず、一族のビジネスは業種がいくつにもわかれているのだが、銀行は皮革業をメインビジネスとみなす。だから皮革工場を閉めるわけにはいかない。「皮革ビジネスが私たちの看板なので、銀行はそれを担保に融資するのです。だからほかのビジネスのほうが大きくなっていても、皮革をやめるわけにはいかないのです」。

客家は皮革業と結びつけて考えられ、コミュニティ内のビジネスネットワークの強さゆえに銀行からの信用につながり、融資が受けられるというわけだ。

マレーシア・ペナンにて

ハルヨノさんに助言されて、今度はマレーシアのペナン州に客家の人びとを訪ねてみた。植民地時代のひなびた建物が残るペナンの州都ジョージタウンは一七世紀以降、英国の植民地支配下で発展した。東南アジアと南アジアを欧州に結びつける貿易のハブのひとつだ。

ここは英国植民地時代にやってきた南インドからの移住者たちの子孫も住み着いている。私がよく知るヒンドゥー教の商業カーストのチェッティヤールや、イスラム教徒たちだ。華僑についていえば客家に限らず広東人や福建人も定住している。アジアからの移住者集団はいずれも、父、息子や父方叔父といった父系でつながる親族による共同経営ビジネスを代々続けている。結婚によってつながった姻族の男性たちを含めたビジネスも多く、数世代にわたって続いているところも珍しくない。

このネットワークは何代にもわたって維持され続けてきているので、それを活用したビジネスは一からつくるより楽である。巨大な資本がなくともコミュニティ全体の資本に依存して、そこで融通しあったり、人員を確保したりするほうがリスクが少ないし、お互いに持ちつ持たれつであれば、ニッチなビジネスに特化できる。よそからきてあっという間に工場をつくり、グローバルなネットワークで地元の需要を満たす巨大資本の普及型の商品供給より、中小ビジネスがめざすべきは、彼らのようなニッチなビジネスで、高級品や特殊品を扱い高い利潤をあげることだろう。見たところ、彼らは自分たちのビジネスの特色をよく理解しているようだった。

彼らのネットワークはペナンやマラッカなどマレーシアにとどまらず、他の東南アジアや旧英国植民地である香港、インド、スリランカなどにも及び、さらに英国やオーストラリアにまで広がっている。それをたどっていくと、必ず移民の流れがあり、土地に定住してその国の国民になった客家たちがいる。

華僑のネットワーク

華僑の結束の固さは、父系親族を中心とした非営利組織としてお寺や廟（びょう）（コンシー）などにもあらわれている。そこで定期的に会合を開いたり祭事を行ったりすることも多い。二代目か三代目でビジネスが分岐し、息子たちがそれぞれ独立したビジネスを始める。そこで相互のビジネスへの信用供与という関係も始まる。従業員のリクルートや経営陣、融資などは数世代にわたって関係が続いていく。親族と彼らが結婚で結ばれる姻族は拡大したネットワークをつくる。結婚はすなわちビジネス同盟でもある。妻は実家から資本を注入したり、婿のために「信用供与」を行ったり、「共同経営」して両家のビジネス拡大を実現させたりできるというわけだ。

インド系の移民では、これが結局、同じカーストの結束を強めることになる。華僑であればカーストでなく、出身地をベースにした民族集団の結束が強まる。華僑のネットワークは移住先とともに広がり、東南アジアからインドを経て英国、米国、オーストラリアなどにまで広がっている。

そうした人びとが年に何回か集い、父系親族を中心とした結束を固め、交流する場がもたれる。お寺や廟などを通じた宗教儀礼や結婚式、葬式などの人生儀礼の場を囲む。そこに出席することは親族の紐帯(ちゅうたい)を確認することだが、自分が出席できなくとも妻や父、母などが代わりに出席してくれればなんとか関係は続く。そういった場がいつも親類縁者の誰かによって温められていることは心地がいい。それが必ずしも「先祖の出発した故郷」でなくとも、ロンドンであったり、シンガポールであったりしてもいい。海外にいて、グローバルに浮遊していることのほうが今の若い人びとにはむしろ心地よい部分もあるのだろう。他方、二一世紀のグローバル化の時代でも、海外で成功した若いインド人たちは結局カーストの紐帯に戻り、そこで結婚相手を「グローバルに」もとめる動きがきわだっている。華僑たちもおそらくそうなのだろう。

地元でも有名な美しい廟のひとつを訪ねてみた。金や銀をふんだんに使った、みるからにまばゆく豪華な廟で、観光客がひっきりなしに訪れている。入場チケットを買おうと入り口の隣にある事務所にはいった。受付の若い女性に「廟の歴史について知りたいのですが」と話をもっていくと、対面で机に座っていた小柄なおじいさんを指さした。

ローレンスさんに聞く、ディアスポラとしての客家

彼に同じ質問をすると、目を輝かせ、身を乗り出して「よくぞ聞いてくれた！」と喜んで彼の対面の椅子を示す。ローレンスと名乗るおじいさんは、その廟に連なる家系の出身で、非営利組織となっている廟の運営理事をつとめてもいた。銀行を退職してからボランティアで説明係を引き受けている。彼の先祖の客家は一六世紀に福建省からフィリピンに移住し、一七〜一八世紀には台湾やインドネシアにも移住し、マレーシアにもやってきた。かなりダイナミックな人びとだ。

ローレンスさんはいう。

「日本に住んでいる客家もいます。日本に漢字や稲作文化を伝えたのは華南からやってきた客家の子孫だから、気持ちが通じ合うんですよ」

客家は漢民族の一派だが客家語という方言をもち、独自の民族的アイデンティティを形成している。何しろ一〇世紀以降、華僑として国外に移住しアジア各地を股にかけて商業活動した人びとで、今でいうグローバリズムを当時から実行していた集団だ。ちなみに中国の主席だった鄧小平や、台湾総統だった李登輝、シンガポールの首相だったリー・クアンユーなども客家出身だ。

客家は同じ華僑である広東人や福建省人と同様に台湾、ヴェトナム、シンガポール、タイ、マレーシア、インドネシアなど東南アジアに居住し遠隔貿易などによって東南アジアと日本をつないでいた。

だが、ローレンスさんは、客家には悲劇がつきまとっているともいう。もともと北部に住んでいた漢民族の一派だが、北方騎馬民族や他の漢民族に押されて南下し、華南の沿岸地方に住み着いた。土地もなく、生活を支えるため、沿岸諸国との交易に携わり始めた。だが一四~一七世紀に中国大陸を支配した明は、海外進出を禁止する海禁政策を宣言した。このため交易を阻まれ、海外渡航や移住も禁じられて生計をたてる術を失った。禁を犯して東南アジア諸国に定住しなければ行き場がなかった。だがそうすると帰ることはできなくなる。帰れば投獄や処刑という刑罰が待っていた。

一六世紀、明に代わって政権をとった清王朝も海禁政策をとり、その禁を犯せば処刑という厳罰を科した。

そこで、フィリピンに渡航していた客家を悲劇が襲った。当時フィリピンを征服したスペインは貿易の利権を独占するため、客家を強制的に清に送りかえしたのだ。送還された数千人の客家たちは故国で首をはねられた。

ローレンスさんはこの話をしながら感情の高ぶりを抑えられなかったらしく、目線を落とし声をつまらせた。故国でありながら自分たちを受け入れてくれないとすれば、定住先に活路を見いだすしかなかったのだ。そのあらましを語ることで先人たちの受難の歴史を反芻（はんすう）し、その悲しみを共有しようとしているのだった。

そして皮肉なことに定住先の政権が方針を転換させるたびに彼らの命運も変わっていく。数千人の客家たちを追放してから、スペイン人は彼らを放逐したことを後悔し始める。客家がいなくなってモノや金の流通がとまってしまったからだ。そこで方針転換し、スペイン植民地政府は客家を再び受け入れることにした。フィリピンに定住した華僑は支配者層のスペイン人と通婚し、名前をスペイン風にした人びともいる。インドネシアのハルヨノさんもそうした人びとと同じような歴史をもっているのだろう。

安心できない生活と、そのためのグローバルな対策

客家にとってのさらなる悲劇は清朝末期一九世紀後半に中国大陸内で起きた。客家出身の洪秀全を中心として、当時の政権に批判的な人びとが太平天国の乱という一四年あまりにわたる大規模な反政府動乱を起こした。この結果、二〇〇〇万人もの人びとが虐殺された。

このような惨事のなかで多くの客家たちは故国を捨て、海外に逃れることを選んだ。たとえ親族の一部が中国に残っていても、外地に親戚がいればいざというときに逃げ出すこともできる。親族のなかの誰かを海外に送り出すのは一族全体の安全策でもあったのだ。

「私たち客家は、第二次大戦中は国民党政府を支持していました。戦後もしばらくは台湾の国民党を支持していたのです。大陸では共産党が政権をとってしまいましたから、私たちは台湾を支持していたので中国大陸にはいけなくなりました。その後、共産党政府が方針を変えたので大陸に里帰りができるようにはなりましたが、次第に台湾にも大陸から外省人が移住してくるようになり、窮屈になりました。彼らは台湾の従来の文化をないがしろにして、大陸の文化を押しつけようとする。だから私たちは警戒していますす」

ローレンスさんはペナンでマレーシア人として暮らしていても、必ずしも安全だとはい

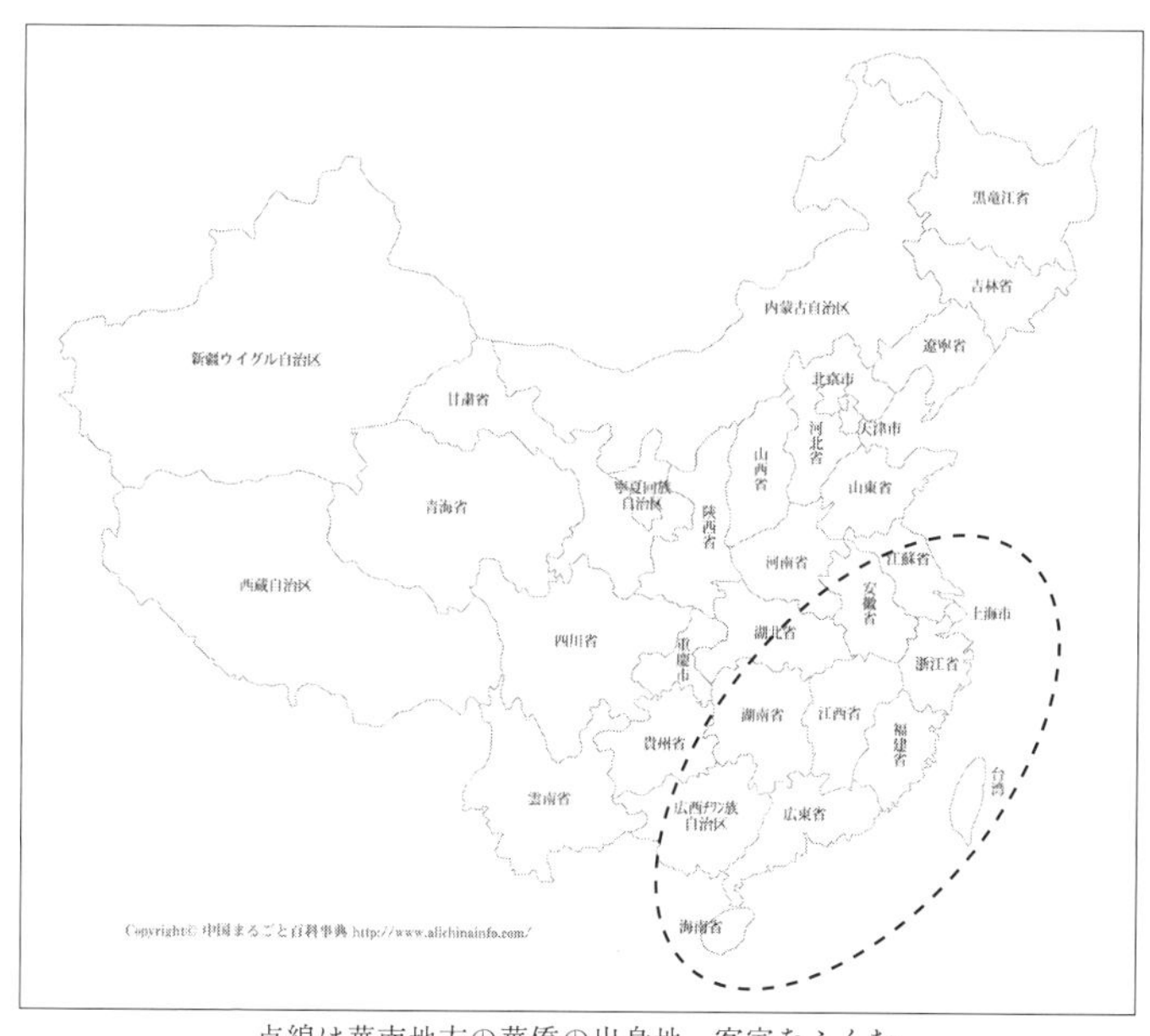

点線は華南地方の華僑の出身地。客家をふくむ

えないと考えている。ペナンは客家だけでなく、広東人、福建人などの華僑も多い。加えて地理的に近い南インドからの移住者たちもいて、南インドのイスラム教徒や商業カーストのチェッティヤールなどが居住している。彼らは総じて目に見える対立もなく共存してきた。だがこれからはそうはいかないかもしれない。

「これまでインド系のイスラム教徒が暴力沙汰を起こすことはほとんどなかったし、私たちも政治的な発言はしてこなかったのです。ところが昨今、南インドではなく北インドからのイスラム教徒もはいってくるようになって、アルカイーダに通じているテロリストたちもはいってきた。それに同調する狂信的なイスラム教原理主義が見られるようになってきた。そうなると私たちもどのようにスケープゴートにさせられるかわからない。怖いことだと思っています」

客家がなめしに携わっていく過程

客家は華南地方から海外に出稼ぎに出てきた当初、広東人や福建人に比べると専門化が遅れていた。ビジネスや金融に長けているわけでもなかった。広東人や福建人は大工や金貸し業などで生計を立てる術をすでに獲得していて、専門家集団として認められていたが、客家は彼らより専業化が遅れていたのだ。

そこで彼らが選んだのは近代の植民地下にともなって需要が急増していた皮革だった。植民地を支配するには大規模な専門化された軍隊が必要であり、近代軍事産業として皮革生産は重要な位置を占めていた。何しろプラスチックや合成繊維などの化学工業製品がなかった当時、ありとあらゆる部品には皮革が必要だったのだ。

西欧では産業革命と前後して幹線道路が整備されていき、馬車がたくさん必要になったことから、馬車の内装や鞍、鞭などに使われる皮革の需要は大幅に伸びていた。猛威をふるったペストがおさまった中世後期から西欧社会では人口が増え、食糧となる肉の増産が必要になる。人口が増えれば履く靴も必要となり、その需要も急増する。それらがすでに皮革産業を発展させる下地をつくっていた。

加えて産業革命により、蒸気機関や機械が導入され、部品としての皮革の需要は爆発的に増えていった。英国の花形輸出品となった綿織物や毛織物を織る織機にも部品として革が使われているし、蒸気機関にも革が部品として使われている。

近代化はさらに大きな市場と植民地を求め、それを支える大規模な軍備も必要とした。軍隊はより大量の皮革需要をもたらした。兵隊が履くブーツ以外にも、兵隊の鞄、ベルト、銃剣を担ぐ革袋や革紐など、大量の皮革を必要としていたのだった。

欧州列強による植民地政府は進出した先で軍需品としての革を調達せねばならなかった。地元の革づくりに長けた集団になめし工場をつくらせ、皮革を大量に早く供給するシステムを生み出す必要性があった。インドでは、その需要にこたえたのが客家やイスラム教徒集団だ。彼らが近代的皮なめし業と製革製靴工場をつくっていったのだ。

南インドではマドラス州（現タミルナードゥ州）の北部にあるイスラム教徒居住地域にな

めし工場が増えていった。南インドのイスラム教徒は中近東や東南アジアからの移住者も多く、皮革製造に長けており、新たな技術を取り入れることにも積極的だった。一方、インド東部にあるカルカッタ（現コルカタ）とその周辺ではさほど有力な皮なめし集団がなかったため、客家が参入するのに適していた。周辺のイスラム教徒はあまり皮なめしの技術が高くなかった。これに対し、皮なめしの技術を東南アジアで身に付けた客家は有利だった。カルカッタに定住し、当初は現地ベンガル地方のイスラム教徒（現バングラデシュ人）から原皮を調達し、なめしを始めた。

インドのヒンドゥーたちは宗教的な見地から、獣の皮をはぎ、なめすことは穢れにつながり、地位を卑しめることだと考えていた。このためヒンドゥーたちは、そのようなタブーをもたない客家が皮なめしと皮革業にはいっていくことに異論はなかった。客家は競争者がほとんどいないことをすぐさま悟り、この業界に速やかに進出し、成功を収めていったのだ。

カルカッタの皮革産業の隆盛と凋落

一九世紀の終わりころ、客家たちと同様カルカッタに進出した華僑は広東人だった。彼らは金貸し業や中国料理屋、美容院などを興し、植民地時代のカルカッタの隆盛にも貢献した。広東人たちは金貸し業だけでなく、料理人や大工、技術者などとしても活躍し、湖北人は歯医者、山東人はシルク商人として知られていた。これに対し、客家はいわば「出遅れていた」のだ。だが彼らの隆盛は皮なめしと靴づくりを生業とすることによって始まった。経済的成功を手に入れ、一九世紀後半以降、彼らの社会的地位は急速に高まり、華僑集団のなかでも一目おかれる存在になっていった。

なめした皮で靴や鞄などの商品をつくると、次に彼らはカルカッタの繁華街に進出していった。小売店をつくり、商人となって売りまくった。軍をはじめとする植民地政府だけでなく、英国植民地とともに出現した都市の中間層にむけて靴や鞄を売り込んでいった。

当時、カルカッタでベンティンク通りと呼ばれていた地区は、靴通りと呼ばれるまでに発展し、一〇〇を超える靴店でにぎわった。だがその繁栄にも第二次大戦後、終焉が訪れる。一九八〇年代にはいり、客家のビジネスは岐路を迎えた。環境問題が原因だった。なめしに使われた排水が環境汚染を引き起こすという環境面での問題を指摘され、行政の支援もなく、ほとんどがビジネスをたたむことを余儀なくされる。多くは廃業し、ホワイトカラーとして生きるか、インドを離れて他の国に移住していった。

今日カルカッタでなめし工場を続ける客家は十数件に縮小していて、子弟の多くが海外に散っている。

客家自身、あまりインドに未練があるとはいえないのかもしれない。インド国籍をもっていても、いまだに「客人」扱いされていて、ビジネス関係以外、現地のヒンドゥー教徒ともイスラム教徒ともあまり付き合わない。インドでは安住できないと感じており、家族のうち何人かは必ず国外に出すことにしている。外ではベンガル語、家では客家語か英語を話す。子弟教育で力をいれているのが英語で、家庭と自集団のなかでは、広東語、福建語、客家語などを使い分けている。子どもたちは英語で授業が行われる私立学校で勉強し高等教育を受けて大学は海外に行く。

カルカッタの客家、チューさんのなめし業

五〇代でカルカッタのタングラ出身のダン・チューさんは現在はアメリカ在住で、成功した銀行家だ。カルカッタ近郊のタングラという皮なめし工場がある環境で育った。彼はウォールストリート・ジャーナルのインタビューに答えて半生を振り返っている。

父は地元の客家小学校の校長だったが、パートタイムの保険外交員も兼ねていた。家業

の皮なめし工場は母が経営していた。チューさんも学校の授業を終えるとすぐになめし工場に行って、重い皮を担いで仕事を手伝った。家の裏手にはゴミ捨て場もあり、お世辞にもきれいな場所に住んでいるとはいえなかった。スクーターで四〇分ほど行けばカルカッタの繁華街に出られるのだが、そんな華やかな世界とは無縁の子ども時代を送った。

教育熱心な両親の判断で、彼は英語で授業をする私立学校に転校することになる。そしてそこで米国人の宣教師と出会い、大きなチャンスを手にする。宣教師は彼が利発であるのに目をとめ、アメリカの家に寄宿させて米国の学校に進むことを提案してくれた。アメリカの大学に進学し、コンピュータと会計学を学び、銀行に職を得た。そしてアメリカの永住権を得、カルカッタから家族全員を呼び寄せて新しい生活を築いた。絵に描いたようなサクセス・ストーリーだ。

チューさんはインドでの生活を振り返り、やはり自分たちは二等市民として扱われていたのだと語った。「われわれ客家は母国の中国にいる時から日に一八時間も働いていました。それでも相変わらず貧しいままでした。他のアジアの国に移っても、やはり客家は寝食を忘れて一生懸命、男女の別なく働かざるを得ませんでした」。

その貧しさを克服したのが勤勉さと皮革セクターへの進出だ。

世界大戦は皮革ビジネスを飛躍的に伸ばし、客家たちは大きな利益を得たが、その利益を集団として投資した分野が教育だった。自集団の子弟のために英語で授業を行う私立学校を次つぎと建て、平時から怠りなくいつでも子弟が海外に飛び立てるように準備をしていた。それが成功の鍵であることをみな自覚していた。

これはインドの客家に限ったことではないらしい。インドネシアの皮革業に携わる客家たちにインタビューした折も、彼らの教育や研究の熱心さには驚かされることが多かった。工場のオーナーたちは、いずれも皮革関係の専門技術や知識を得るために破格の投資をしていた。インドネシア国内での専門教育だけではあきたらず、欧米の有名な専門学校や大学に何年もの間留学し必ず資格をとって帰国する。

だが、現代のインドでは、革のメッカといえばカルカッタでもデリーでもボンベイ（現ムンバイ）でもない。南インドのタミルナードゥ州のチェンナイ（旧マドラス）やアーンブールだ。チェンナイとアーンブールを結ぶ線は、「皮革ベルト」ともいわれているくらい皮革の工場が立ち並んでいる地帯で、インドの皮革生産の六〇％以上を担っている地域だ。

南インドの革づくり人たち

南インド最大の都市、チェンナイは皮革の集積地のひとつでもある。皮革研究所があり、肉を食べる人びとが多く、屠場も何カ所かある。

しかし何といっても皮革というと、アーンブールになる。

「アーンブールに行く」というと、人びとは「靴でも買いに行くのか？」と尋ねるくらいだ。さしずめアーンブールはインドの「姫路」のようなところなのだ。ちなみに、現在九〇年以上の歴史がある全インド皮革製造・販売協会（ＡＩＳＨＴＭＡ）はチェンナイに置かれていて、中央皮革研究所（ＣＬＲＩ）もチェンナイだから、インド全体の皮革産業の中心地はチェンナイとその周辺の皮革ベルト地帯といってよい。

チェンナイから西に一八六キロあまり、アーコット郡に位置しているのが皮革のまち、アーンブールだ。ＡＩＳＨＴＭＡのおじいさんに勧められて、アーンブールを訪れることにした。特に興味があったのは革づくりの「今」だ。インドは巨大な皮革産出国で、国内需要だけでなく、欧米の需要にも応じていて、有名な靴メーカーなどがアーンブールで委託生産している。

ヒンドゥー教徒が多い南インドでもイスラム教徒がマジョリティを占める地域のひとつが、アーンブールが位置するヴェッロール郡だ。五万六〇〇〇人ほどの人口でヒンドゥー教徒が四五・八九％、イスラム教徒は五二・六五％、キリスト教徒が〇・七七％。つまりイスラム教徒が多数派だ。だが北インドと違って、南インドではヒンドゥーとイスラム教徒の対立についてはシリアスな暴力沙汰はあまり聞かない。この地帯に住む皮革業者はほとんどがイスラム教徒で裕福だし、コミュニティの面倒をよく見る親方たちだ。

もともと地元の豪族もイスラム教徒だったし、住民も八〜九世紀の昔からイスラム教徒だった。ヒンドゥーが穢れているとして触れなかった牛や馬の屍の皮をはいで革にすることにイスラム教徒は文化伝統としてためらいを覚えないし、皮革にかけてはヒンドゥーよりイスラム教徒のほうが熟達している。英国の植民地化とともに、軍需品として皮革の重要性が高まった。東インド会社は軍需品として、硬くて厚い革をつくるためのタンニンなめしの技術を伝授し、地元の技術は大幅に向上した。

そして驚くべきことに、その成功を横目で見ていた南インドのヒンドゥー・バラモンがなめし業と製靴業に進出してきた。ＡＩＳＨＴＭＡで聞くと、この協会の理事長も、イスラム教徒とバラモンが交互につとめるようになっている仕組みで、南インドではヒンドゥー教徒の皮革業経営者は一割程度いるのだという。

ヒンドゥー教徒とイスラム教徒の協働の風景

バラモンがヒンドゥー教で穢れとされている皮革を扱うのは問題ないのかと尋ねると、「いや、彼らは工場主で、直接革をつくるわけじゃないから」とイスラム教徒のおじいさんが答えた。後で資料を読んでみると、英国植民地時代にもバラモンが住んでいるアグラハーラム（バラモンの村）の水路になめしに使った水を直接流していてなんの咎めも受けていない。これはさすがに問題があるのではないかと思ったのだが、ヒンドゥーとイスラム教徒が仲良くこの業界では共存しているということに興味をもった。

全インドの皮革生産量の六〇%がタミルナードゥ州で産出され、輸出皮革の四〇%がここから出荷されている。タミルナードゥ州政府の施策で現在一〇〇%のなめし工場が排水処理施設で汚水を処理している。排水処理がなされていなければ、なめし工場を経営することは許されていない。そこで、アーンブールに大きな排水浄化システムをつくり、そこを集中的にコンピュータ管理して周囲に大中小のなめし工場を配備しているのだ。

最新のコンピュータ制御によるテクノロジーだそうで、前年にすでに日本の企業集団が視察にきたという。どんな関係の業者なのかは明らかにしてくれなかったが、「彼らは天然なめしにしか興味がないようだった」という。時流はそうなっているのだろうか。

排水の浄化システムを自前でもてない中小規模のなめし工場を支援するために、産業振興をめざすタミルナードゥ州が建設資金を支援してこの設備がつくりあげられた。所得が低い地域に女性も働ける職場を多くつくり出し、経済的に活性化するためには有効な施策でもあり、この目論見は成功したといえる。

この大きな排水処理システムのプラントの周囲にある中小のなめし工場にまじって、大きななめし工場もある。そのなかには、靴まで一貫生産しているところもある。さすがにそういうところは環境基準も労働基準も守っている。世界レベルで要求される環境基準を満たしていなければ、海外の皮革会社のバイヤーたちが革を買ってくれないのだ。労働条件がきちんと守られているかどうか、欧米のバイヤーたちは年に一度必ず視察に訪れるそうだ。

私が訪れるとちょうど昼時で、製靴工場を見ていると、従業員の子どもたちや妹たち、妻たちがステンレス容器にはいったお弁当をさげてやってきて、工場の窓の下に置いて帰っていった。従業員たちが自分のお弁当ボックスの特徴を覚えていて、それを工場の食堂に持って行って食べるというシステムらしい。あいにくとその時はラマダン（イスラム教徒の断食月）で、工場の管理職の男性たちは食事ができないということだった。だが、一緒に働いている事務の女性たちはヒンドゥーなのか、あるいはラマダンを守らないイスラム教徒の女性たちなのか、平気でお弁当を広げて食べている。なんとものどかな田舎の風景が、近代工場のすぐ外に広がっていた。

靴工場をまわると、イスラム教徒の帽子をかぶった若い男性と女性、そしてヒンドゥーらしき女性たちが同じフロアで働いているのが見えた。違和感なくヒンドゥーの女性も働いている。話を聞いてみると、職場にはとても満足しているという。田舎にしては給料もいいらしい。

でき上がった靴をチェックするセクションで働いているおじいさんは、昨年定年で退職したのだが、三〇年以上靴工場につとめていたおかげで、退職しても家にいるとすることがない。なので、やっぱりこの工場に毎日やってきて点検を手伝っているという。家が近くて環境が整っているからこそできることだ。

アーンブールでなめしが行われる理由

村は皮革で潤っていて、工場づとめであれば、仕事は保証されるし女性も男性も働ける。都会に無理をして出ていって余計な出費をして、家庭を犠牲にするよりは、家から通えてお弁当まで届けてもらえる職場は理想的だ。安全な職場で給料がきちんともらえて厳しい欧米のバイヤーのおかげで一日八時間労働だし清潔な職場だ。

そんな風によいことづくめだと思うのだが、現実には村のどこでもがそういうわけではないことがわかってきた。

排水処理に厳しいなめし工場はさておいて、実は靴製造については四段階にもわかれた下請けシステムが張り巡らされている。大工場から下請け、孫請けへの厳しい現実があるのだった。内職として家で靴の上部をつくるのは女性がほとんどで、労賃もごく安く、一日八時間から一〇時間働いてひと月二〇〇〇ルピー（四〇〇〇円）ほどだ（二〇〇五年時点の調査による）。

工場の女性たちであれば、その六〜七倍は稼いでいる。だがインドでの革靴生産が人気なのは、実はローコストの人件費がさらに安くあげられる点が魅力だからだ。フランスでつくられる靴のコストを二〇・七とすると、イタリアは一四・三、フィリピンは四、中国は〇・六、そしてインドは〇・二という結果がある。資料には日本のものがないので単純比較はできないが、日本とフランスの革靴の価格を調べると、日本はフランスより九・八五％高くなっているので、フランスより明らかに日本の純国産の靴は高い。

これでは競って欧州の靴メーカーがアーンブールの靴工場に発注するわけだ。インド政府は今のところとにかく仕事をたくさん確保するのに追われていて、仕事の質を保証するまでにはいたっていない。とにかく仕事をできるだけたくさんつくり出すことが最優先だ。

皮革産業は輸出の稼ぎ頭で、確実に仕事の数を増やしてくれている。なめしの段階から始まってたくさんの人手が必要だ。輸出の花形なので、このセクターの企業家は大きな影響力をもつが、その九〇％はイスラム教徒で代々皮革産業を続けてきた裕福な家がほとんどだ。ムスリム・コミュニティのビジネスであり、そのなかでも中核となる有力なファミリーが代々続けてきたビジネス、そして婚姻によって結ばれたネットワークを代々維持し続けている分野だ。管理職や技術専門職にはイスラム教徒の男性がほとんどで、女性はイスラム教徒であれヒンドゥーであれ、事務職どまりか未熟練労働者で、生産ラインにまわされ、給料は低く抑えられる。

タミルナードゥ州の皮革産業に見る宗教とジェンダー

タミルナードゥ州の皮革産業を調査した研究者のヴァイテーギさんによると、皮革産業は宗教（イスラム教徒）とジェンダー（男性優位）が画然とわかれて成り立っている職種だ。

経営者と労働者の区別もはっきりしていて、労働争議もない。アーンブールをはじめとするヴェッロール郡の皮革産業地帯では、労働者が拡散していて組合をつくっての賃上げ交渉など、団結が難しい。女性は工場や家庭から労働力を提供し、工場で働く人びとも、拡散している。工場が並ぶ地帯が拡散しているので、一緒に組合をつくって組織化することが難しい。

だが、経営者は女性を雇うことを好むので、女性が仕事にありつくチャンスは高い。女性たちのほうが手が器用で靴づくりの細かい作業にむいているのと、同じ職種であれば男性より低賃金で雇えること、組合などの労働運動によって組織化されにくいといった利点があるからだ。アーンブールだけでも一万八〇〇〇人から二万人の人びとがなめしや靴工場で働いているが、そのうちの一万六〇〇〇人が女性なのだという。その多くは内職組だ。

先にも述べたが、南インドでは北インドのイスラム教徒たちに比べてヒンドゥーとの対立抗争が少ない。歴史的にイスラム教徒になったのが北インドより早く、土着化が著しいからだ。東南アジアや中東からのスパイス商人たちなどが土着化して現地の女性たちと結婚してカースト化したり、後に感化を受けて改宗した土地の人びとだからだ。一方、北インドでは、イスラム教徒が征服者としてアフガニスタンから侵入し、ムガール朝を築いたため、ヒンドゥー教徒との間にあつれきがある。また、北インドのイスラム教徒がウルドゥーというアラビア文字を使い、独自の言語を持つのに対し、南インドのイスラム教徒はタミル語やマラヤラム語など、土地の言語をそのまま使う。キリスト教徒やイスラム教徒のなかにも「カースト」はあって、宗教をヒンドゥー教からキリスト教やイスラム教に変える場合、その土地の同じカーストの人びとが集団改宗することが多い。前のカーストが不可触カーストであれば、そのまま「新キリスト教徒」「新イスラム教徒」のように不可触カースト制を引き継いでしまう。だから本来イスラムは全員同胞とされるがインドでは少し異なっている。そして一般には貧しく、女性の働き口は少ない。女性は教育のレベルがヒンドゥーに比べて低いだけでなく、家族が許してくれる外の働き口が少ないからだ。その点アーンブールの皮革工場の働き口は優れている。ムスリムの女性もヒンドゥーの女性も一緒に働けるし、皮革であれば男性も働ける職場だからだ。案の定、働いている男性たちは大抵がイスラム教徒で、女性はイスラム教徒もヒンドゥー教徒もいる。割合はムスリムの女性がやや多い。ヒンドゥーとムスリムの女性が仲良く同じ職場で働いていることは珍しいのだ。

近代化のもたらすもの

だが旧態然とした皮剥ぎや屍処理など処理方法が前近代的なやり方であれば、やはり低いステイタスの職種だとみなされてしまう。スマートなところがなく、伝統的なヒンドゥーの「穢れ」がまとわりつく職場だからだ。そういう前近代的な場所だと、不可触カーストの職種として差別されてしまう。

もっとも、ヒンドゥー教では動物の殺傷、特に牛などの大きな動物の屠畜は宗教的には穢れを呼ぶとされ、卑しめられているはずだが、それは表面的なことで、やはりタテマエとホンネはここでも顔をだす。実は鶏や山羊などはひんぱんにヒンドゥーの村人が食用のために屠っている。村祭りなどでも女神への捧げものとして屠ることは多い。バラモンのなかにも肉食に転じる人びとがいる。

ちなみに私が訪れたチェンナイ近くのとても「前近代的な」屠畜現場では、切り出された肉や内臓が、冷蔵装置もなくむき出しで野ざらしに置かれていたが、それでも多くの一般人が新鮮で安いと直接買いに来ていた。食べたいときには穢れは関係ない、というわけだろうか。そこで働いている獣医に聞くと、あらゆるカーストや宗教の人びとが肉や内臓の購入のためにそこを連日訪れるという。「もちろんバラモンカーストの客もくる」とバラモンである彼自身がこともなげにいった。

このようなタテマエとホンネの違いに遭遇するといささか混乱してしまうのだが、おそらくたとえバラモンであっても、皮革が大きな利益を生み出す以上は経営者となるのはかまわない、ということなのだろう。同様に、労働環境が悪い工場ではなく、近代的な装備の工場であれば、ヒンドゥーの若い女性でも靴工場で働いてもちっともかまわないのだ。

男女が混合で働く職場。これはインドの風習ではきわめて珍しい

近代的ななめし工場や製靴工場で働くことは、収入はそれほど高くはないけれど、経済的な安定を図ることには役立っているのだろう。仕事を得て家計を安定させることを優先するならば、夫婦がともに皮革産業で働けるというのは途上国の人びとにとってはすばらしいことだ。しかも都会に出ていって不

自由な思いをするのでなく、自分の家から工場に通えるし、妻は内職ができるのだ。

皮なめし工場がバラモンの経営であることが可能なのにも驚いたが、製靴工場での工場労働者たちが普通は対立しているとされるイスラム教徒とヒンドゥー教徒の、しかも男性と女性が同じ職場で抵抗なく働いているのはかなりの前進だと私は思った。「近代的な工場だったら別に皮革工場だってかまわない」というヒンドゥー教徒の若い女性たちには浄・不浄論より給料がもらえて清潔でちゃんとした職場で働けることが最重要点なのだ。

モロッコの皮なめし人

アーンブールで調査しながら脳裏によみがえってきたのが、モロッコのマラケシュで天然なめしをしている皮なめし職人のハッサンのことだ。ハッサンはミモザや鳩の糞や石灰などの溶液がはいった深さ一メートルを超える槽に自らつかりながら、二〇キロ以上ある原皮を一枚ずつ浸しては引き上げる過酷な作業をやっていた。それでも彼は仲間の天然なめしの職人たち同様、近代的な工場で働くことはいやだという。彼の職場からほんの二〇分かそこいらのところにある近代的な工場はとても大きくて、機械化されていて、なめしから革づくり、靴づくりにいたるまですべてそのなかでやれるくらいの規模だった。それに比べるとハッサンのやっている天然なめしの仕事は、下半身を溶液に浸し、重い原皮を引き上げたり沈めたりする。いってみれば原始的な仕事だ。大量の労力を必要とする、骨の折れる仕事のように思った。

モロッコで天然なめしをするハッサン

なぜ近代的な工場で働かないのかと尋ねると、「九時から五時までの判で押したような働き方はいやだから」という。

「俺は自分の働き方でやりたい。今日だって仕事は朝早く始めて昼までで切り上げて家に帰って昼飯が食べられる。工場だと、そうはいかない。親戚の結婚式とかに行こうとすると簡単に休みがとれない。最新の機械とやらがたくさんあるかもしれないけれど、男がやる仕事じゃない。給料は安い。それより伝統的な天然なめしをやれば、もっと稼げる」

そして、彼は動物の命を屠ることについての尊厳についても語った。

「動物を屠るのは神聖な行為だ。それを流れ作業で次つぎに殺して、それを機械で加工させられていくのは好きじゃない。俺たちの仕事の尊厳を傷つけられる」。そして彼はこうもいう。「ここでは皮なめしは金の扉だといわれてきた。それくらい儲かる。俺もお金を貯めて、いつかここの親方みたいに天然なめしの工房を自分で持ってもっと稼ぎたい」。

いわれてみると、彼がいう仕事の尊厳には一人前の職人として扱われ、「稼ぎがいい」ことがかかわっている。彼が工場で働いても技術者にはなれない。クロムなめしの工場だから、段取りは違う。彼は未熟練の一般工扱いだ。それは彼の誇りを傷つけるだろう。

客家たちはヒンドゥーの浄・不浄の伝統を意に介さず、利益のためには重い原皮を担いで働くことをいとわなかった。南インドのイスラム教徒たちは、経営者であったり技術者や管理職だったりすることで仕事の誇りを得ることができた。たとえ未熟練工としてでも、同じイスラム教徒として働けるのであれば、改宗してイスラム教徒となった前不可触カーストは、喜んで安定的な職場である工場で働く。女性たちも家で内職しながら頑張っている。みな安定的な収入が期待できればこそのことだ。

革づくりの世界は「金の扉」

アーンブールの工場で働く人びとの必死の働きぶりから、なにやら英国ノースハンプトン市の産業革命時の皮革産業の隆盛期を見るような思いがしたことだ。英国の皮革のまち、ノースハンプトン市は一八世紀当時、町の一〇人のうち三人が皮革関連の仕事についていたというから、今のアーンブールのようなものだ。仕事は楽じゃないけれど、夫婦で働いて稼ぐことができる道が皮革で開けていたころだ。

インドの村を調査していると、仕事がないことが一番の問題で、どんな収入の道が考えられるだろうかといつも頭を悩ませることになってしまう。だが、ここでは、考えなくても、一応仕事はある。きつくても仕事を与えられる皮革産業が途上国の経済を助けていることは確かだ。

一方、マラケシュのハッサンたちがやっているのはそれ以前の職人ギルドのやり方だ。妻や妹は働かず、男だけが職人としてちょっときついが金になる天然なめしをやって稼ぐ。自分の裁量で仕事があんばいできるのが楽しみでもある。親戚の結婚式があれば早めに切り上げて仕事を調整し、宴会で遊んでくることもできる。職人ギルドがあって、皮なめし人や靴職人がそれぞれの尊厳をかけた職人として集団で組織されていた時代のやり方そのままだ。

近代国家の出現とともに欧米やイスラム世界では、ギルドの体制は崩れていくのだが、インドでは皮革産業の場合、ギルドがなかった。近代化で、皮革や靴部門での専門化が成し遂げられ、ようやく社会的地位の向上が始まったのだと思う。

専門化による地位の上昇には、近代教育や国家によるライセンスの供与、つまり「権威の付与」と「専門技術の独占化」が不可欠だ。それを得ると、今のインドではカーストを超えて職場では技術者としての道も開ける。化学教育を受けてなめし技術者になった前不可触カースト出身の男性が出していたインターネットの求婚広告に出合ったことがある。なめしという技術でステイタスを主張できるようになったのだと感慨にふけったものだ。

皮なめし業は過酷な作業ではあっても大きな利益を生む可能性をもつセクターだ。途上国ではカーストや宗教コミュニティによってつくられた生産と流通ネットワークが、やはり幅を利かせている。逆にいうと、皮革の道は、グローバルな時代であっても、そう簡単に変えられるものではないということなのだろう。皮革づくりの世界は「金の扉」なのだが、それを開けたままにしておくには周到な革の道をつくっておくことが大事で、何代かかかってそれを手に入れたら、簡単には手放してはいけないということなのだ。アジアの皮革産業を見るとそんな思いがした。

第六章

姫路の「トリックスター」

皮革の産地、アルザス地方

リバティ大阪（大阪人権博物館）で館長の朝治武さんに会った時、明日姫路に行くというと「姫路にはおもろいおっさんがおるやろ」とにんまりした。とっさに柏葉嘉徳さんのことだと思ったが、彼の勇名は兵庫近辺だけでなく大阪にまでもとどろいているのだとつくづく感心した。

柏葉さんに会ったのは二〇一三年のことだ。欧州の調査から帰って連絡をすると姫路の駅まで車を走らせて迎えてくれた。その車のなかですぐさま皮革談義が始まったものだ。

彼に会うよう勧めてくれたのは、長らく被差別部落の研究を続けてきた故中尾健次大阪教育大教授だった。しかし、柏葉さんとは会うことがかなわないまま、中尾先生が故人となってから、先生のお嬢さんでフランス文学研究者の雪絵さんとフランスのコルマールで会うことができた。その折、柏葉さんの話が出て、連絡先を教えてもらったのだ。

雪絵さんとアルザスのコルマールで出会った時、もうひとつの収穫があった。それはアルザス地方が有名な皮革の産地だと知ったことだ。

アルザス地方がドイツとフランスの戦争に翻弄され、両国間で取ったり取られたりされた地域だとは知っていた。それほどまでに重要だとされたことのひとつには、ここが皮革の産地だからということもあったのだ。

雪絵さんとまちをまわってわかったのだが、コルマールでは一九世紀まで靴屋通りや鶏肉屋通り、穀物商通り、皮なめし人通りなど、同じ職種についている職人たちがギルドをつくって固まって住んでいた。皮なめし人通りに行くと、なめし工房だった家々が軒を連ねている。二階建ての窓からなめした皮が吊るされていたらしい。

アルザス地方にはグッチやエルメス、ルイヴィトンなどの高級ブランドに高級なめし革を提供する小規模なめし工場が集中している。

二〇一三年の時点では、フランスの皮革産業自体の成長率が二％だったのに、高級品皮革は五％もの伸びを示していた。二九四〇億ドルに達する世界の高級品市場のなかで、皮革はその一七％を構成していて、かなり高い。

二一世紀にはいってから、フランスやイタリアなどの高級皮革ブランドは、いずれも昔ながらの伝統をもつ良質の皮なめし工場を次つぎと買収し、傘下にいれていったのだ。それにマッチした工場があったのがフランスではアルザス地方というわけだ。

そのような高級ブランドからの中規模工場の買収の動きがまだ見られないのが日本である。よくも悪くも日本の皮革はグローバル化のなかで孤島になっているのだ。

アルザス地方のなめしの家系

欧米では、二一世紀までなんとか生き残った小さななめし工場は、それだけで伝統と品質の折紙つきだ。

アルザス地方ではなめしで何百年も続いている家系が工場を操業している。五〇〇年も続いている有名なダイガマン家はバール村にあり、創業者一族だけでなく、当時からその下で働いていたなめし業家系の人びとの末裔もそこで働いている。

アイヒョーフェン村のハース一族が一九世紀に始めたなめしの工場も有名だが、現在の経営者はハース一族の跡継ぎの女性と結婚したミューラー氏の後裔が経営している。

他の一族に経営権が移ったとはいえ、なめし業や皮革業は、創始者の一族と姻族からなるネットワークによる生産と販売体制を守り続けているのだ。皮なめしの技はとても複雑で、企業秘密にあたるから、おいそれとは外に出せない。勢い限られたメンバーで秘伝が伝えられていく。それをなくしてしまっては元も子もない。

実は日本にも秘伝の継承を行っているところがある。鹿の皮を使ったバッグや小物を四〇〇年以上にわたってつくり続けてきた、甲府の印伝屋という老舗だ。

印伝というインドから伝えられたといわれる細密画のように細かい伝統的な紋様をトレースし、漆で鹿革にのせていく。伝統的ななめし技術や染色方法は秘伝で、家長しかすべてのプロセスを知ることはできない。職人が途中でやめて技術が流失しないように、ひとつのセクションの技術以外、絶対に担当させないようにして、全体の工程の秘密を守っている。

かつては甲府だけでも印伝屋は数十件あったというが、すべてつぶれてしまった。生き抜いて繁栄するには相当の努力と工夫がいるのだ。

印伝屋は少数精鋭の四〇人あまりの従業員で構成されていて、なかには代々この工場につとめてきた一家もあるという。家族主義で週休二日、残業なし、しかも終身雇用、定年なしという待遇だ。七〇代でも八〇代でも働き続けることができる。誰かがやめて初めて新人をそのポストに採用するのだという。

東京の表参道や東京駅だけでなく京都や大阪にも店舗をもち、それこそ顧客が「代々この店の品物を修理を依頼してまで使っている」というほどの支持層の厚さが売りなのだという。

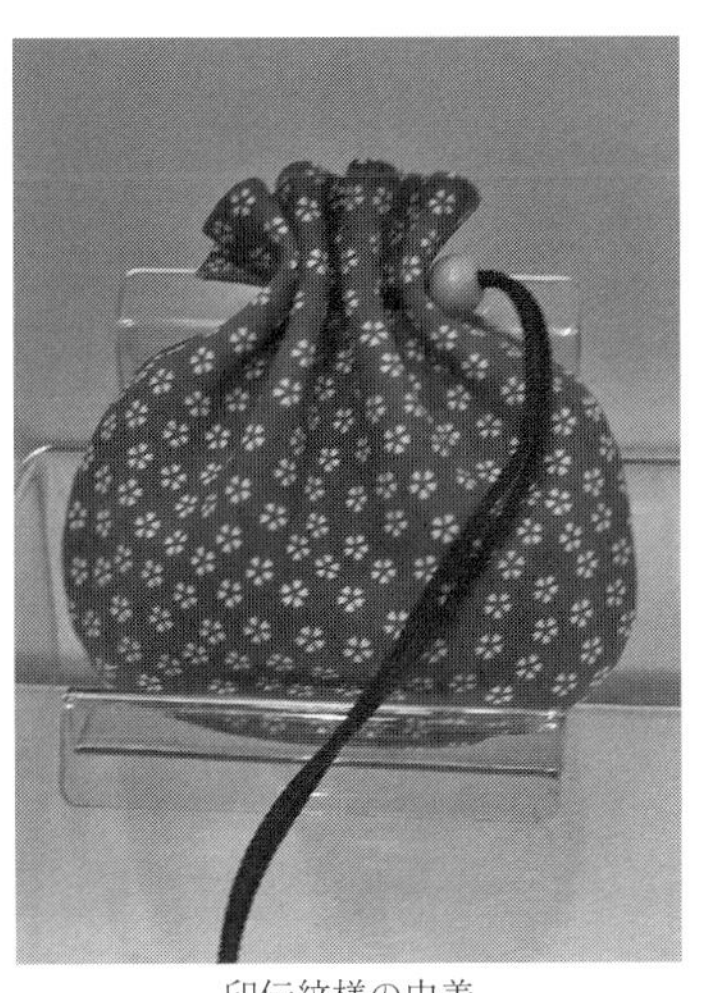
印伝紋様の巾着

印伝屋の一族に連なり、本社の人事部で働いている出澤忠利さんは、こう語る。

「東京の三社祭りなどで神輿を担ぐ人びとのなかには何代も担いでいるという地元の方が大勢おられます。その方々が神輿を担ぐ時にお持ちになる巾着は、実はこちらで何代も前に制作したものなのです。それが破れたりすると、修理にお持ちになられます。そのようにしてご縁が続いているのですが、長く使っていただくと、次はこんなものがほしい、とおっしゃられて、ご要望もいただきます。ですので、企画段階から完成まで最低三カ月かかりますが、制作したものは一〇〇％売れるのです」

欧米の小規模高級品を手掛けるなめし工場もこんな風に顧客を囲い込んでいるのだろう。ここでなければつくれない商品をつくっていることがいまだに途上国からの安い皮革に対抗できる秘訣なのだ。

姫路の「ミスター・タナー」

印伝などに使われる鹿革は、元来は脳漿なめしという脳の酵素と油を使ったなめし方によるものだったと柏葉さんに教えてもらって、お返しにヨーロッパの職人芸に生きる工房の話をした。

柏葉さんは、興味深そうに聞き入っていた。それから、「それにつけても」と彼は、見る影もなくなった自分のムラのことを話し始めた。

彼のムラは御着(ごちゃく)といい、高木村やたつのと同様、皮革のムラだ。高木に働きに行って技術を身につけた人びとが明治以降厚手の革の靴底を手掛けていったのだという。

彼によると、明治時代、陸軍の練兵場が近くにあって、その視察に訪れた明治天皇が村長宅で茶菓でもてなしを受けたことがあるのだそうだ。明治天皇が行幸あそばされた、というムラの歴史が柏葉さんは自慢のようだった。

彼に連れられて御着をまわってみると、話に聞いたとおり、いたるところでなめし工場の跡が朽ち果てたままになっている。

毎年必ず工場が閉鎖されていき、今はほとんど操業している工場がない。もっとも、一見ひどく落ち込んでいるように見えるが、先進国のなかでは日本はまだ中小なめし工場が生き残っているほうだ。

フランス全土でも、八〇年代は六〇軒以上あったのが、現在では二〇軒以下になっている。それに比べると、日本は高木地区だけでも九〇軒ほど残っているというから驚きだ。赤字経営のところが多いとはいえ、まだ操業しているのだ。

それでもなめし工場が好景気に湧き、皮革需要のブームだった七〇年代から九〇年代のことを聞きながら、残念な気持ちがした。景気がよかった時に将来のことを見据えて、何らかの延命政策をとっておけばよかったのに、と思わずにはいられない。おそらくその頃は、皮革の好景気はずっと続くと思っていたのだろう。

「ムラの羽振りがよかった時、ムラの連中はあぶく銭をもって、どんどんつまらんことに使ってしまったさかい、今苦しい、いうとるんや。ゴルフ場経営なんかに手ぇだしたやつもおるで。バブルがはじけて破産しよったけどな。それは自業自得や」

柏葉さんは一緒に歩きながら、ムラの誰それが夜逃げをしたという時の話などをする。

「あいつの工場は、まわりから見るとぎょうさん注文をとりよって、みんな不思議やったな。なんであんな安うに靴ができるんやろ。そしたら、ある日、突然夜逃げしよった。中国からはいってくる安い革に対抗しよう思うて、原価を割って売ってたらしい。ほんま、あんな安値で儲かるわけはない。あほなことしたもんや」

柏葉さんは自分のムラの人びとにも結構厳しい。「あいつらは石頭やさかい」と二言目にはムラの衆に対する不満が出始める。「ムラのやつらは妬(ねた)みと嫉(そね)みばっかりでお互い足をひっぱりおうとる。外を見ることをせえへん」。

人が認めようが、認めまいが……

彼は皮革の伝統を外に発信し、外の人びとを受け入れて見学させたり実演指導したりすることを「せなあかん」といい、自ら先頭に立ってやっているのだが、「後が続かへん」

という。彼のような七〇代はむしろ一九八〇〜二〇〇〇年代に生まれたミレニアル世代（第七章参照）とは気が合うのかもしれないが、中間の世代が動いてくれないのだ。

彼が町の自治会長をした時は御着にある隣保館を皮革博物館にして、集めた皮革製品を寄贈した。そして、豪華なカラーの目録本などもつくって周囲に配ったりした。それなのに、である。「誰も評価しよらへん」。

柏葉さんは、七六歳を過ぎたとはいえ、幼少時からのなめしの力仕事で鍛えた体躯で、まだぴんぴんしていて、赤銅色の肌もつやつやしている。小柄とはいえ、姿勢がよく、押し出しもきいていて、意気軒高だ。ムラの外の人びとを受け入れて何百回となく話をしているせいか、とても社交的で、話に説得力もある。とはいえムラの話となると、いつもムラの衆への小言や愚痴で話が終わってしまう。彼の苛立ちの原因は、子どもたちがどんどんムラを出ていってしまうことだ。

そんな彼を訪問する「外からの」人は多い。みな柏葉さんの皮革についてのストーリーや革づくりの体験を求めて来る。出張依頼があれば、兵庫県内の小学校や中学校にも出かけていく。ムラの人たちが認めようが認めまいが、結局彼は地元の名士だ。

人びとが訪ねて行くと、必ず行きつけのファミリーレストランで、少人数であれば、昼食をごちそうしてくれる。ここをあまりひんぱんに利用するからか、レストランの「顔」でもあるようで、自宅の居間のような顔をしている。胸を張ってもてなす姿が「マスター」のようで、なんとも板についている。

柏葉さんの仕事の風景

御着にある、大きくて堂々とした家の前にある庭には、奥さんが毎日手入れをしているという立派な松が植えられている。一本も雑草が生えていない、よく手入れされた庭の一角にある納屋には、できたての白なめしの蹴鞠が何個も吊ってある。

そこで朝食に抹茶と和菓子を取り、すでに操業をやめた自分のなめし工房に出かけて行って、デモンストレーション用の革をつくる。伝統的なやり方で白なめしをつくっては蹴鞠や文書箱にしている。

まず、近くの市川に浸して毛を抜きやすくした原皮を引き上げる。適温にしたぬかの発酵液にそれを一〜二日の間つけてさらに脱毛しやすくし、道具を使ってこそげとっていく。削りすぎると原皮に傷がついて均等にならない。試しにやってみた私は叱られて断念した。細心の注意が必要だ。

川から三〇～四〇キロはあると思われる原皮を引き上げ、その毛を抜いてこそげとっていくのは寒い冬の日などは特に大変だ。寒風ふきすさぶ工房で手が凍えそうになる。つらい仕事だ。

そんな柏葉さんの仕事ぶりを写真に撮りたいと、近所に住む「元売れっ子放送作家」の長谷川勝士さんという「趣味のカメラマン」が時々スマートなスポーツカーに乗ってやってくるようになった。今はメディア系の科目を教える大学で教鞭をとる彼は、ビデオ制作もできる。柏葉さんのなめし皮づくりの様子のビデオ制作を依頼してみたら、快諾された。もっとも私が柏葉さんの作業風景を撮影しながら一方で質問をしている様子を見て、その下手さ加減に我慢できなくなった長谷川さんが手伝いを申し出た、というのが正しいだろうか。

ビデオ制作の動機は、かねてから依頼されていた、英国のノースハンプトンでの日本の皮革の歴史についての講演が頭にあったからだ。柏葉さんをこの講演に同道しようと思ったのだが、ビデオをついでに上映すれば、私のような素人がいうより、もっと説得力があるだろうと考えたのだ。

ついでに、長谷川さんに、柏葉さんの「相棒」としてついて来てくれないだろうかと厚かましいお願いをしたのだが、案外とそれも引き受けてくれた。写真を撮っているくらいの付き合いだから、柏葉さんの性格も熟知しているだろう。彼はせっかくならこの道中を楽しもうと思ったようで、ウェブ・デザイナーの娘さんを連れて行くことにして、四人の旅が始まった。

この英国行きは柏葉さんの生まれて初めての外国旅行だ。パスポートを取るのも初めてだったし、長時間ジェット機に乗るのも初めて。むろん英語もからきし話せない「ぽっと出」の柏葉さん。彼は英国のなめし人たちの世界をどんな風にとらえるのだろうか。私の大きな関心事でもあった。

「特殊」と「一般」

柏葉さんに初めて会った時、車のなかで皮革の話を一時間以上続けてから、行きつけのファミリーレストランに案内された。昼食中、彼は急に小声になって、ためらいがちに、言い淀み、急に改まった調子の標準語で私に尋ねる。

「失礼ですが、あなたさまは一般地区の方ですか」

いかにも不可解な質問に一瞬面食らったが、二、三秒考えてようやく意味を理解して、

「残念ですが一般地区です」と答えた。なぜそんな質問を？　と聞くと、今まで会った素人のなかでは、一番革について知っているからだという。「あんたのように革についてよう知っとる素人をわしは知らん」と。実は私の知識は付け焼き刃なのだが、柏葉さんにこう褒められると自然に笑顔になる。

だが、その後で私はまったく別の感慨にとらわれて、柏葉さんの直截性を深く尊敬するようになった。言外に、「一般地区の人間というのは、平凡な場所のありふれた人」といった区別があるように思ったのだ。そして社会人類学でいう「特殊」と「一般」の区別を思い出した。

私が数十年前、ロンドンで社会人類学を勉強していた時、当時フェミニスト人類学の「旗手」のひとりとして知られていた先生が、よくこういっていた。

今まで学問的研究は物事の「普遍性」を探求するものといわれていた。そして人びとは「一般的に」という説明ができるように何らかの法則を見つけようとする。だが、実は「普遍」性とは「一般」のなかにあるのではなく、「特殊」のなかにこそある、というのだ。

「一般的な話」をいくら連ねても普遍性にはならない。だが、「特殊なこと」を見続け、積み重ねていけば、そのなかにある普遍性に出合うのだ。このフェミニスト人類学の先生によると、これこそがフェミニスト人類学が見いだした地平なのだということだった。フェミニスト人類学の視点かどうかわからないが、「一般地区」の「一般性」を見ていても、あまり普遍性は見えてこない。「特殊部落」などといわれ、「特殊性」をもつ物語性に富んだ「被差別部落」は普遍性にぐっと近い。

人びとが憧れる美や物語性には美しさだけでなく、おどろおどろしさ、すさまじさといったものもある。被差別部落の伝統にはその両者が隣り合わせにあることは、これまで多くの研究家がさんざん指摘してきたことだ。生と死の両方をつかさどっているゆえの象徴的・儀礼的な強さが部落文化のなかにはある、と研究者たちは賞賛してきた。

被差別民の普遍的な文化

現在、被差別部落という言葉がさすのは、おもに同和対策事業の対象になった地域であり、歴史的に屠畜に携わってきた地域や、雪駄や灯心、竹細工の製造販売などといった仕事をしてきた地域だ。実は近代以前、猿楽といわれた能や、歌舞伎役者などの芸能者も、賤民として差別されてきた。

そのような被差別民が担ってきた業種には、人間がつねに死と隣り合わせで過ごしていることを思い起こさせるものが少なくない。能の観阿弥がいうような、あの世とこの世の境目のなかで見える「幽玄さ」などは被差別の文化のなかから出てきたものなのだ。

今やこれぞ日本の伝統芸能といわれる歌舞伎や能、文楽なども被差別民がつくりあげてきたものだし、初期の京都の禅寺の庭は被差別民の庭師たちがつくっていた。奇石を集め滝や池を配する庭は自然を文化のなかにとりいれる作業だから、普通の人にはできることではなかったのだ。日本人は部落の特殊性のなかで日本人の文化の源流と呼べるような普遍性に巡り合ってきたといえる。

むろん、「普通」の村はほんとうは存在しないので、普通に見える村でも詳しく見続けていると、そこから特殊な世界、いわゆるユニークさが見えてきて、それが普遍性につながっていく。だが、一般地区から見ると、被差別部落はその歴史性、伝統性も特殊性の連続で、興味が尽きない。

はからずも柏葉さんの一言の問いかけが、ロンドンでのフェミニスト人類学の先生との議論を思い出させてくれた。

柏葉さん、英国に行く

二〇一三年春、柏葉さんらと別行動で香港からヒースローにむかった私は、結局一時間遅れで空港に降り立った。

ついてみると、何と柏葉さんは出迎え役のマイケル・ピアソンさんと一緒に出迎え口で手を振っている。早くも一時間で現地に慣れたような雰囲気だ。英語と日本語の違いを超えた「雰囲気」「仕草」「表情」などのメタ言語で意思疎通には困らない人らしい。自分でつくったお土産の蹴鞠や文書箱を持参していて、白革の「革の名刺」までふんだんに用意してきていた。

それからの道中、彼はまったく緊張した風がなく、自信満々で、私に通訳されていることすら忘れ、すっかり英国の人びとと打ち解けて「話」を楽しんでいた。

空港からピアソンさんの運転で一気にノースハンプトンにむかう。ヒースローを離れるにつれ、次第に田舎道になっていく。ノースハンプトンに近づくと羊が目立ってくる。彼らが群れるなだらかな丘陵が続いていく。

なめし人というのは大体世界各国、素朴で気取らない人柄だ。ヨークシャーやスコットランドの訛りが強い英語で、世界中をめぐったエピソードや昔のギルドの規約などを延々と話し続ける。「皮革の話」にすぐさま没入する人びとだ。彼らがこの羊の群れを見ると、さしずめ「皮が何フィートとれる」とでも思うのだろうかと、ふと考えてみる。

ロンドンに住んでいたころは、専門分野の研究のほうが忙しくて、ロンドンの外に出ることはほとんどなかったし、英国の歴史や文化自体を面白いと思ったこともあまりなかった。ロンドンはコスモポリタン（国際的）な都市なので、周囲には外国人が多くて、知っているイギリス人にもコスモポリタンな人びとが多かったのも影響していたのかもしれない。

ノースハンプトンを訪れるようになってようやく、伝統的なサクソン人やスコットランド人の文化に触れているのだといった感慨を覚えるようになった。

ノースハンプトンの歴史

皮革の研究をし始めて、ノースハンプトンとロンドンを列車で行き来するようになったのだが、羊の群れを見るたびに、英国で行われた「囲い込み運動」を思い出すようになった。

一六世紀にそれは行われた。中世の終わりになったころ、地主たちは農民に土地を貸すのをやめ、羊を放牧するようになったのだ。土地を農地にしておくより、草を植えて羊を放牧し、毛を刈り取り、皮と肉を売るほうがはるかに利益が見込めたからだ。

それに、猛威をふるったペストが下火になり、人口が増え、肉の消費量が増えていた。人が増えれば靴もたくさん必要で、服も要る。食肉調達は緊急の問題だ。そして羊肉をとるために囲いの柵をつくって、それまで境界さえぼんやりしていた土地を、はっきりと「私有地」として明確化するようになった。

一方、囲い込み運動で農地を追い出された農民は工場労働者になって革や毛織物づくりをしていくということになる。それから羊の毛を利用した織物産業や、皮を利用した皮革業が盛んになっていく。

羊牧場の囲いのなかでのんびりと草を食(は)んでいる羊の群れや家々の伝統的なつくりを眺めながら、そのなかにノースハンプトンの歴史が見えてくるようだった。

そういった歴史的な説明をしようかとふと柏葉さんを見ると、羊がいっぱいの光景を無言で見渡している。異国の地に来たのだということをだんだん納得し始めているようだ。

ノースハンプトン市内のホテルに落ち着くと、石造りのどっしりとした歴史を物語るまちの様子が目にはいってきた。立派な彫刻を施した堂々たる市庁舎や教会に交じって石造りの家々が連なっている。この都市の繁栄は皮革でつくられたといってもよいので、家系がなめし人という人が市長や議員になっていたりする。このことも柏葉さんにとっては驚きだろうか。

一七八九年、フランス革命が起こると、革命政府はそれまでの古い体制を破壊することに熱心になった。やり玉にあがったひとつが、古いギルド（共同組合）の体質だ。ギルドでは、厳しい徒弟制度の上に親方が君臨する。新米の技術者が、一人前の証明であるライセンス（証明書）を発行されるまでには何年もかかる。

旧体制の慣れ合いから生じる権益を壊すにはライセンスを売買できるようにすればよい、そうすれば誰もが職人になれる、と革命政府は考えた。

厳しい基準で守られていた職人技のライセンスが自由に売り買いできるようになり、なめし人ギルドが保証していた品質は、意味をなくしてしまった。

同時にナポレオン戦争が爆発的な皮革の需要をつくり出した。大量の軍隊を行く先々で徴兵によってつくり出したからだ。

フランスはもとより、オーストリアでも一般人が戦争に駆り出された。そうなると、戦争に駆り出された大量の人びとに履かせるブーツが必要になる。銃を収納する皮のベルトやサックも必要だ。

こうして皮革産業には空前のブームが起きたが、フランス政府の要求は、「ブーツを生産せよ。しかも格安で」というものだった。毎週フランスの靴職人は一定の数のブーツを格安で供出しなければならない。これに反発し、廃業する靴職人が相次いだ。

しかしその間にも軍は増強し、一八〇六年には六二万人、一八〇七年には七〇万人、一八〇九年には九〇万人、一八一二年には一〇〇万人という風に、ナポレオンに率いられた兵隊が出現する。待ったなしでブーツが必要だった。靴が間に合わず、裸足で軍隊に加わる者が続出するという笑えない話まであった。

フランス政府は海を隔てた英国の皮革の産地、ノースハンプトンにまで調達の手を伸ばした。これはノースハンプトンにとって僥倖（ぎょうこう）だった。英国軍隊からの需要に加え、フランスからも大口注文がきた。ノースハンプトンとその周辺は大量注文で大いに盛り上がってゆく。

ノースハンプトンは中世から皮なめしと靴づくりで知られていた。なめされた革が調達できる場所の近くには、自然と靴などの革製品の生産地もできる。そこでノースハンプトンの周囲の村々がこれらの加工品の生産を請け負っていた。

もっとも、それは「そこそこの品質のものを」「安値で」提供することで知られていたということなのだが。そしてその安値の秘密は、家内労働だった。内実を説明するとこういうことだ。

必ずしも高度な職人技を必要としない仕事を女性と子どもにさせる。鋲を打つことで、靴底と靴の上の部分（甲革）をくっつけることが容易になったので、もはや職人の手で縫い合わせる必要がない。そこで、家での分業体制では、子どもたちが鋲を打ち、女性が上部を縫い、男たちがナイフや道具を使って革を切ったり張ったりする。

皮革業界の「工場」というと、機械化された大きな場所を想像するが、初期の段階ではこうした家内工業しかなかった。しかも皮革産業では、こうした家内工業がかなり長く続いたし、紡績や織機に使う機械に革のワッシャーやベルトなどは不可欠だったにもかかわらず、皮革産業自体は機械化がもっとも遅れた分野だった。

英国では一九世紀になっても、なかなか機械を使った靴工場などは建設されなかった。皮革産業自体が古い体質で、あまり積極的な変革をしたがらないこともその理由だったし、職人の技術が必要とされているなめしの領域だと下手な機械化はできないのだ。原皮をなめすにはプロの技と日数がかかるが、軍隊や一般庶民が要求する安い靴をつくるには、家内制分業体制で十分だった。

一八七一年から一九〇〇年にかけて、ノースハンプトンでは労働人口の四〇％もの人びとが皮なめしと製靴関連産業にかかわっていた。

土地の所有者たちが放牧を始めたので、もはや農業で食べていくことはできなくなった。結局彼らは都市に移動し、労働者として食肉産業や皮革づくりに携わることになった。皮革産業全体で多くの職種があるので、増えた労働人口を吸収することができたのだ。結果として多くの人が皮革産業に携わることになった。

柏葉さんの「怒り」

柏葉さんと一緒にレクチャーする前日、ピアソンさんは町中にある皮革博物館と靴の博物館に連れて行ってくれた。市長に会う前にはわざわざ郊外にある伝統的な英国式レストランに連れて行ってくれた。途中で、かつてピアソンさんが経営していたというなめし工場兼皮革工場を外から見せてもらった。

アールデコ調のステンドグラスがはめ込まれた窓や噴水があり、美しく整備された建物で、近くには故ダイアナ妃の実家のスペンサー家の敷地が広がっている。羊の牧場をもっていたスペンサー家も含め、この周辺の名家はほとんど皮革産業に何かしら関連していたのだと改めて認識できた。

ダイアナ妃のご先祖のスペンサー家は羊毛の生産で大儲けし、大地主になった。爵位をもらい、貴族院議員になった当初、陰では「あの羊飼いめが」と悪口を叩かれたという。だが英国は一方ではきわめて現実的だ。金が大事なのだ。金儲けが国富に影響すると考えているからだ。

その後、私たちはピアソンさんの案内で皮革博物館の展示を見て歩いた。

説明役のピアソンさんが一八世紀のイギリス国教会の大司教の礼服の前で立ち止まって説明する。「大司教の服は革でできています。最高の礼服だから、重要な儀式の時にのみ着たのですよ」。

確かに西欧では大事な文書は羊皮紙に書いて残すし、王族は毛皮をまとい、革でできた装飾品や衣類を身につける。旧約聖書では神がエデンの園を追われたアダムとイヴに最初に与えた衣が皮だったし、キリスト教の聖者ヨハネは自然のなかで毛皮をまとって暮らしている。

説明を聞いていた柏葉さんが急に怒った表情になる。

「仏教では、革は穢れているとかいうて、革を見下しよった。礼服というと、絹やったんや」

英国では終始にこやかで笑みを浮かべていた柏葉さんだが、かつて日本で経験した不愉快な体験を思い出しているようだ。いぶかっているピアソンさんに私が日本の状況を説明すると、彼は苦笑して話を続けた。

「英国では二〇世紀初頭まで、上流階級の有力な家は、ほとんど皮革業関連のビジネスにかかわっていました。有力な政治家の場合、自分自身がビジネスとしてかかわるか、でなければ親戚の誰かがかかわっていたんです。それほど皮革は重要な産業だし、儲かったんですよ」

柏葉さんに通訳すると、拍子抜けしたかのように、表情が元どおりになる。柏葉さんは英国では日本のなめし人として評価され、彼の苦労は英国の人びとにはあまり理解できない。それでもお互いに交流できる共通の場が皮革を通してつくられる。それを彼は体験したのだ。

一七世紀の清教徒革命（ピューリタン革命）で、莫大な戦費を賄わねばならなくなった時、クロムウェルはそれぞれのギルドに支援を要請した。ひどくなると毎週戦費を要求され、皮革関連のギルドもその割あてを負担するのに大変だったという。そして、彼はかつて追放したユダヤ人商人たちさえ英国に再び迎え入れた。ユダヤ人たちは英国に帰還し、英国の植民地経営に貢献し、ロンドンは金融の都として繁栄する。

ユダヤ人のなかには爵位を与えられ貴族院議員になった人もいた。戦争が多い動乱期には、皮革ビジネスもビッグビジネスになっていった。

皮革とともにそんな繁栄を謳歌したノースハンプトン市の市長職は、今や名誉職となっている。

議会がすべてを決めるので、市民が推薦する「立派な人物」が市長に任命され、市のスポークスマンのような役割を担うのだ。

市長は、四〇〇〇年以上も前から使われている議事堂のなかにある、代々の市長の肖像画がかかっているフロアで、ひときわ重々しい雰囲気のある部屋で執務をする。代々受け継がれている宝石や刺しゅうをちりばめたガウンを着て、宝石に彩られたメダルを首にかけるのがそのスタイルだ。

この日、柏葉さんは、ピアソンさんたちの好意で、市長にも会うことができた。市長は、遠方から訪ねてきた皮なめし職人に敬意をあらわし、彼に自分のガウンを着せかけ、重いメダルを首にかけ、宝石に彩られた杖をもたせ、一緒に記念撮影をしてくれた。

本物の市長と一緒にガウンを着て写真に納まった柏葉さんは、胸がいっぱいになって笑みを浮かべ、泣きそうになっている。感動のあまりなのか、いつもと違って終始寡黙だった。

代々の市長の肖像画のなかには皮なめし人の家系に連なる市長も何人かいるという。「皮なめし人の家に生まれた人物」が名誉市長に選出されることは現代でも十分ありえることだ。ちなみに、なめし業を家業として皮革会社を経営してきた正統派の紳士、ピアソンさんの叔父にあたる人が、市長になったこともあるという。「ほら、ここにいる人が私の叔父ですよ」とずらりと並んだ肖像画のひとつを示してピアソンさんが微笑んだ。

柏葉さんのカルチャーショック

市長さんたちに会った英国訪問の四日目の朝、私たちは列車でノースハンプトンからチェスターフィールドへむかった。

プラットフォームに立って列車の到着を待つ間も柏葉さんは周囲の観察に余念がない。

小柄で小太りの体躯に背広をきた体をちょっとそらせながら、日焼けした顔をほころばせて、プラットフォームのベンチに座っている若い女性を眺め、「あの子、きれいやなあ」とほれぼれするようにため息をついた。

彼の視線の先には背筋をすっと伸ばして本に目を落としている細面で首の長い若い女性がいる。レースのついたミディ丈の英国風のワンピースを着、栗色の髪につばの広い帽子をかぶっている。いわれてみると、確かに日本人がイメージする古い英国の深窓の令嬢そのものだ。

「まるで映画スターみたいや。何や、わしも映画のなかにはいってもうたようや」

ハリウッド映画のなかにはいりこんで登場人物のひとりになっているらしく、柏葉さんはうっとりしていた。ほんの数日前には姫路の御着の自宅で抹茶を飲み、和菓子を食べてから蹴鞠をつくっていたのだから、カルチャーショックがあっても当然だ。

あざやかな屠畜の手際

チェスターフィールドでは屠場を見せてもらうことになっていた。これは長谷川さんの希望だったのだが、あいにくと写真撮影は許可されなかった。動物保護団体が「屠殺は残酷だ」とかみつくので、よほどのことがない限り写真もビデオ撮影も許可されることはないという。

チェスターフィールドは古くから皮なめしで知られている土地で、昔は森に囲まれていたところだ。新石器時代のころから森で皮をなめしていたらしく、泉が近くにある洞窟でも小規模ながら皮なめしをしていた。

このチェスターフィールドで古くから営業している植物なめしの工場と、屠畜工場を見ることになっていた。

屠場の女性経営者のマギーさんがにこやかに出迎えてくれ、事務所に招き入れられた。一家で屠場を経営しているが、屠畜されたばかりの肉を使ってハムやソーセージをつくり、工場に隣接した店で販売している。赤や紺のギンガムチェックが店内を彩る、小ぎれいなショップだ。つやつやしたディスプレイウィンドーのなかのハムがいかにもおいしそうだ。天井からはスモークミートも吊るされていて、新鮮な肉が大好きな英国人が森にあるこの屠場までわざわざ買いに来るのが理解できる。

事務所で白衣を借り、長靴を履き、髪にキャップをして、浅い水槽を通って雑菌をシャットアウトしてから屠場にはいった。

大きな牛がトラックで次つぎに運ばれてきて、気配を察して暴れる。それをエアガンで一瞬のうちに静かにさせてからすぐにフックに吊り下げ、コンベヤーで屠畜人の目の前まで運ぶ。屠畜人はさっと大ぶりな鋭いナイフを突き立てて、一気に皮に切り込み、身から皮をはがしていく。

彼の腕は筋肉隆々として、いかにも腕一本でやってきた職人という感じだ。外皮をきれいに剥くと、次に待っている若者が内臓を取り出しきれいに水洗いしていく。さっきまで生きていた牛の姿があっという間に精肉と化していくのにあぜんとしてただ見入るだけだった。案内に立った人は、「皮に傷がつかないように上手に切り裂くのが大事なんですよ」とそばからコメントする。大事な皮を、丁寧に素早く剥いでいく。腕の見せどころだ。聞くところによると、腕一本で生きていけるほど彼の収入はいいらしい。

文化の違いを越えるコミュニケーション力

事務室に戻る途中、柏葉さんが小声で私に耳打ちする。

「さっきの女の人、マギーさんいうたかな、ほんまにきれいやなあ。最高や。今まで見たうちで一番きれいやった」

ここ三日間で柏葉さんは何人かの英国の女性たちに会ったのだが、素早くそのなかで序列をつけていたのだ。前日に会ったノースハンプトン大学の皮革研究所所長のレイチェルさんにも、「きれいな人や」と感心していたが、一番好みだったのは、あの「屠場で会った人」だった。翌日、皮革協会の面々にこの話をすると、「屠場の女が一番！」というところでみながどっと爆笑した。屠場の女性に目をつけるところは、何といっても牛との縁が深い柏葉さんならではだ。

だが柏葉さんのひっかきまわしはこんなものでは終わらない。

その夜、ホテルの上階で皮革専門家協会主催のレセプションが開かれた。ダンスが始まると、お年寄りに誘われて私もダンスに加わるはめになった。ところがふとまわりを見ると、ダンスの輪のなかで、柏葉さんがひとりで踊っている。相手がなくても平気で、音楽に乗って勝手なステップを踏んでいるのを見て、みな面白がっている。

ダンスが終わって私が皮革協会の会長夫人と話し込んでいると、私の背後を見ながら彼女が笑みを浮かべた。「見て、見て！」と彼女が言うのにつられ、振り返ってみると、柏葉さんが、ウェイターよろしく背筋を伸ばして気取ってワインを各テーブルについでまわっている。

日本式の「お酌」のつもりで、パーティの「主催者」のような顔つきだ。欧州ではお酒はウェイターがつぐもので、主催者が自らついでまわるような「サービス精神」はない。英国の皮革専門家たちの一〇卓にものぼる大きなテーブルを、柏葉さんは次つぎと愛想よくお酌してまわっている。話しかけられているようだが、にこやかにしているので、みな彼が英語を理解していると思い込み、笑いながらお酌されている。

彼は「メタ」レベルでのコミュニケーション力が抜群なので人に頼る必要もなく、「オレが、オレが！」と人前に出ていく。特異な能力だが、こんな場面ではそれがむしろ自然なアピール力だ。

だが、そのコミュニケーション力につきあわされると日本の「普通の人びと」は疲れることにもなる。

したたかな柏葉さん

パーティから大英博物館の見学まで付き合ってくれた長谷川さんとお嬢さんはかなり疲労困憊（こんぱい）していた。ロンドンを父娘二人で見てまわって泊まることにして、大英博物館を見た後で柏葉さんに、「ひとりでノースハンプトンに帰ってもらう」ことを提案した。

お嬢さんと長谷川さんは切符を買い、列車に乗った場所で降りればいいから、と説明したというが、驚いたことに柏葉さんはまったく平気だった。そしてちゃんと迷わずにひとりでノースハンプトンに帰って来た。ひとりで帰って来たと翌朝聞いた時にはびっくりしたものだ。

長谷川さんに後で聞くと、「いやもっと驚いたのは、大英博物館で迷ってはぐれちゃったことですよ。気がついたら、柏葉さんがいないんです。あれっ！　と思ってあわてちゃった。しかたなしに出口で待っていたんだけど、柏葉さんはちゃっかり日本の団体旅行客の後について回っていて、説明を全部タダで聞いたんだそうです」と、そのしたたかさに舌を巻いていた。

帰国する時も、私たちは柏葉さんを先に帰し、別のルートでアフリカに飛ぶことにしたのだが、彼をまずヒースローに連れて行き、飛行機に乗せなくてはならない。午後の講義がある私の代わりにお嬢さんが連れて行くことを提案したのだが、柏葉さんはホテルからヒースローまでタクシーを呼び、ひとりで行くことにした。

結局それで何事もなく姫路に帰って来たのだが、空港では係員に切符を見せると、親切な人がエアラインのカウンターまで連れて行ってくれたという。カウンターに行けば日本人のアテンダントがいるので問題なくゲートをくぐることができる。文字どおり彼はたったひとりで英国から日本に帰って来ることができたのだった。

あまりに英国が気に入りすぎて移住したいくらいだといい続け、人から見ると、「爆発するようなエネルギー」を発散し続けていたから、長谷川さんは姫路に帰ってから、家庭の平安が保たれるかどうかとても心配していた。

後日、彼の書いた旅行記がひょうご部落解放・人権研究所の機関誌に載っていた。旅行記に加えて現地で撮ったノースハンプトンの街並みの写真が一枚掲げてあった。「いつか妻と歩きたいノースハンプトンの街並み」と題されていて、次回はぜひ夫婦でと思っているのがわかり、ほっとしたことだった。

皮革とムラの若者たち

生まれて初めての海外旅行で、おまけに自分がもっとも興味を抱いている皮革の専門家たちと堂々と渡り合い、尊敬を勝ち得た柏葉さんは、文字どおりの破天荒さを見せ、周囲を面白がらせたり、かき回したりする。

そういう、既存の秩序を破壊する変化をもたらすような存在を、社会人類学では「トリックスター」と呼ぶ。

柏葉さんのお守で疲労困憊している長谷川さんに「柏葉さんはトリックスターだから」というと、膝を打って、「そうだ、まさにトリックスターだ！」と納得していた。トリックスターは混迷から人びとを救い、道筋をつけるために周囲をあえてひっかきまわすこともある。

貧しい少年時代を過ごし、ボタ山（石炭の採掘場から出る捨て石の集積場）から釘を拾い集めて売っていたという苦労話を語っていたこともあったが、彼の探求心を受け止めることができたのが皮革の世界だった。

皮革業はいい収入になるだけでなく、奥が深くて化学者の知見と技術者の技能が必要とされる。重い原皮を担いで移動して、川に浸したり、ぬかの発酵液につけたりする時は温度の調整が大変らしいが、背割りと呼ばれる大きな皮を半分に割る作業、ドラムにいれて攪拌しながら染色する時の染料の配分なども、経験がモノをいう。

皮は一枚一枚すべて違うし、季節によってもずいぶん違うという。そんな話をしていると、彼の技術者の面が顔を出す。晩年になって工場を閉じてから、彼は製革の歴史に興味をもち出した。そして古文書などを読み始めた。そんな彼のところに皮革史研究の仲間が集い、にぎやかに勉強会などを催すことになる。

それでも、もっと日本の皮革についていろんなことを聞いてもらいたいという願望は膨れあがってくる。それが彼のフラストレーションでもあり、エネルギー源にもなっているのだった。

柏葉さんは彼なりのやり方で日本にある皮革業への隠れた賤視と闘ってきたのかもしれない。

彼が自分のムラを批判するのも、その努力をわかってくれないことに対する苛立ちなのだろう。周囲のムラの人びとを、上昇志向がなく、外の人びとに理解してもらおうという意志と努力がたりない、仲間同士で足をひっぱっている、といい続けるのは彼なりに成し遂げてきたことへの矜持があるからだろう。

しかし、若い人びとがムラの伝統と歴史の「特別さ」に誇りを感じることがまだ難しいと彼は感じていて、苛立ちの大半は、ムラの大人たちが彼らの誇りを掻き立てるような活動を積極的にしていないということにむかっているのかもしれない。

長谷川さんが英国での講演のために制作してくれた姫路の皮なめしのビデオは、若い世代が抱えているディレンマの深さを暗示する。

ビデオのエピローグで、柏葉さんが牛の皮でつくった蹴鞠を近所の小学生の女の子がついてひとりで遊んでいる。柏葉さんのところによく遊びにくる、ボーイッシュな愛くるしい女の子だ。だが、すぐにつまらなくなったと見えて毬を放り出す。工房の前に柏葉さんと一緒に横に並んで腰かけているが、その表情は暗い。「こんな蹴鞠なんか」と思っているような表情だ。柏葉さんが励ますように肩をポンと叩いても、その顔は曇り続けている。外の学校に行って、革をつくっているムラだからと何かしら陰湿な差別でもされているのだろうか。

同じ年頃の子どもたちと遊ぶのでもなく、おじさんの工房で蹴鞠をつきながらもつまらなそうにしているその子を見るだに私は切ない気持ちになる。外の子たちが遊んでくれないのでしかたなしにおじさんのところに来ているのだろうか。

皮革業の未来を思い描く

英国やドイツであれば称賛される技術でありながら、正当な評価を受けていない日本の皮革の技術。この女の子が大きくなった時、せめて日本の皮革づくりの伝統について知ることができる博物館や美術館が近くにあったらどんなにいいだろうか。

高木村やたつのの若い企業家たちが日本の革をつくり続けて利益を伸ばしていき、海外にも注目されるようになったらどんなに周囲のまなざしが変わるだろうか。

フランスや英国の革づくりの人びとや、アジアの客家や米国のユダヤ人たちとこの世代ならば交流できる。代々皮革づくりの家系に育ってきた人びとが伝統を大事にする様を自分たちの目で見て体験してほしいと思う。

そして海外の革づくりの人びととの文化的な連帯を感じてほしい。たとえ皮革をつくっていなくても、皮革のムラに生まれたことの伝統と文化の重みを大事に育て、皮革製品を手に取る消費者たちと彼らの「ストーリー」を共有してほしい。

欧米に比べるとまだたくさん残っている、小規模なめし工場がそれぞれもつ特殊なストーリーを大事に育て、それを次の世代に伝えていくことが、新たに日本の二一世紀の皮革の伝統をつくることにもなるのだと思う。

それを助けるのが柏葉さんをはじめとする姫路の「おっちゃんたち」の使命ではないだろうか。

第七章

ジェネレーションXとミレニアル世代を探して

「ムラ」の人びとのつながり

二〇一六年秋。マイク・レッドウッドさんと東京を朝早くたって姫路に降り立つと、駅でのびしょうじさんが車で出迎えてくれた。

彼は歴史家で、いくつものペンネームを作風やジャンルで使い分けている人だ。いくつの顔があるのか、私にはわからない。少なくとも部落史をやっている専門家として名前が出てくる。特に皮革史の第一人者で、中世から近世、近・現代までをひとりでこなしている人物だというのが、大体の周囲の合意事項のようだ。

結構多重人格を楽しんでいる人なのかと思ったのだが、とても情にもろいところがある。桜のころに姫路に訪ねていった時は、花吹雪が舞う姫路城の堀の近くを車を運転しながら、しみじみとした感じで突然の親友の訃報について語り始めたものだ。幼馴染みの死が自分でも思ってもみなかったほどの心の動揺を招き、じわじわと心を蝕んで、引きこもってしまったのだという。私が訪ねていった当時は、ようやく少しずつその状態から脱しかけていたころだった。

この親友とはずっとムラで幼いころから一緒だった。彼が大阪から地元に帰ってくると聞いて、のびさんはとにかくうれしく思っていた。姫路やたつのであれば、大阪は新幹線でほんの二〇分かそこいらだ。それでも旧友が「ムラに帰ってくる」と聞いて、ああ、これでやっと会いたい時に会える、と胸が躍ったという。「あれもこれも話したい」と待ち遠しく思っていた矢先だった。「これからずっと一緒に語り合えると思っていたのに」と、人生の半分もなくしたような顔をしていた。

まるで最愛の恋人を慕うような傷心の表情には、「幼馴染み」「仲良し」に対する特別な思いがあるようだ。郷愁、などといったとおり一遍のものではないのだろう。友人と過ごした場面、場面が生き生きとよみがえってくる時間と空間を備えた「場」、すなわち「ムラ」というディスコースへの強い愛着が感じられる。

姫路やたつののあたりを歩いてゆくと、都会に住む日本人の多くが失ってしまった「田舎」が顔を出す。若い世代に属する新喜皮革の芳希さんを訪ねていくと、「幼馴染み」が先客でソファに腰かけていて、二人で語り合っている最中だった。

彼らは、幼馴染みや近所の知り合いとつれだって歩きまわることが多いらしい。やはり大都会とは違うのだ。喧嘩してののしりあったりしても、それが「愛情表現」になってしまうとのことだ。写真家で「元売れっ子放送作家」の長谷川さんはいう。

「この間、柏葉さんの近所の天然なめしの工房で写真を撮りまくっていたら、オーナーがあんまりしつこいっていうんで、私のマックのマウスを放り投げて、いいかげんにしろ！　って怒鳴ってきたんです」

私はびっくりしてしまった。「そんなのひどいじゃないですか！」。すると、長谷川さんはとりなすように「いや、あれは一種の愛情表現なんですよ」。私には到底理解ができない力学が働いているようだ。

個性が強いが、思い入れも強く、人びととの結びつきが強い。この「ムラ」で共通しているのは革への思い入れの深さだ。

「悪友」たち

のびさんが鳥取で皮革のセミナーをやるというので出かけていった。

ムラの皮革専門家たちは急行バスで押しかけてきていた。まるで「追っかけ」だ。そうして四時間もの長いセミナーが終わってから、駅前のコーヒーショップでひとしきり、「品評会」が始まる。のびさんをくそみそに「やっつける」のだ。以前にたてた説と違っていようものなら、大変だ。「あいつ、前はあんなこといいよらへんかったやないか、なあ」「そやったな。俺も黙って聞いてたけど、あれは俺がずっと前からいってたことやないか。今ごろ何いうとるんや」などと息まいてから、コーヒーを飲み、ようやくバスに乗り、姫路への帰路につく、といったあんばいだ。

先に紹介した姫路の「トリックスター」こと柏葉さんと、そこに集ってくる歴史好きのおっちゃんたちはのびさんのまわりに集っている「追っかけ」の「常連」、悪友たちだ。いや、悪友などといっては失礼な、偉い先生も仲間にはいっているらしい。もと技術者で学術博士号をもつ出口公長先生だ。博識で、技術者らしく慎重で、このグループでは唯一英語を使いこなす人物だ。

原皮から毛を削る作業をする柏葉さん（伝統的な姫路の白革なめしの手法を再現している）

出口先生には、以前電話をかけてずいぶん素人っぽい質問をしたのだが、辛抱強く答えてくれた。

なぜ皮の表面を銀面というのかと聞いてみたのだが、明治時代、近代的な革のなめしの技術を習得するために外国から技術者を招聘したとき、皮の表面のことをグレイン（粒）といったのを〝ギン〟と聞こえたので銀面と呼ばれるようになったという話をしてくれて、「でも、銀面っていう訳、すごくいいでしょう？　日本的で」とうっとりした声で語ってくれた。彼もまた「マニアックな革づくりの人」なのだ。

この数名が「姫路のトリックスター」こと柏葉さんの自宅に集まって「遊んでいる」。そうして時にびっくりするほど緻密な研究史を出版する。なかなかできることではない。一方、陰でこっそり「くそみそに」やられているようなのびさんは、案外気にもかけた風ではなく、この悪友たちに「つきおうてもろうてる」と控えめにいう。蒐集した姫路革のコレクションを自由に触らせてもらえて、飽きるほど見せてくれる悪友もいるからだ。「普通、博物館やったら触らせてくれへんからな」と、いたって謙虚だ。ここでは、彼らの地元・姫路に存在していた白なめし革についてふれてみたい。

姫路の白革

出口公長先生の『皮革あ・ら・か・る・と』によると、「姫路革とは、一口でいえば、牛皮を市川（姫路を貫流する川の名）の流水に漬け込み、毛根部に発生するバクテリアの酵素の力で毛根を弛め、脱毛する。そのあと塩と菜種油とで揉み上げ、日に晒しながら仕上げしていく製法で作られた革である」。これは別名姫路白なめし革と呼ばれる。最後の姫路の白なめし人は「現代の名工」と賞された森本正彦さんで、白なめしは、彼が二〇一二年に亡くなることによって終わりを告げたとされている。現在はクロムなめしが主流だ。

姫路革は菜種油を用いてなめす、油なめしの一種なのだが、のびさんによると、油なめしは熱帯の乾燥地帯や寒冷地に生まれて発展したのだという。そうした地方では、すぐに蒸発しない油に対する信仰があったそうだ。

油なめしの最大の弱点は虫がつきやすいこと、虫食い被害にあいやすいことだ。その点でロシア側は防虫効果をもつ植均染色をすることで、ある程度乗り越えていた。姫路の白なめし革は半乾性油の菜種油を使うことで虫つきを避ける努力をしたという。

明治時代のジャパンブランド

姫路革が高級品だったことがよくわかるのが、明治時代、パリの万博へ出品を許されたという事実によってである。姫路革はパリで賞を獲得したという。

やがて意匠の大胆さとともに、海外ではその耐久性が驚きをもって注目されることになった。当時、姫路革は「世界一強靭な革」という名声を得ていたという。工業機械や荷物運びにうってつけの強い革だったのだ。それは日本で育まれた油なめしの伝統から出てきた革ゆえの強さだった。

皮革は歴史的に軍事と結びついて発展してきた。当時の日本では馬に乗る武士も含めて、足元は草履履きだったので、靴ではなく、甲冑や馬具に革が用いられた。馬具は古代に中国から伝来した木組みの鞍を黒塗りして戦国武将も用いていた。だが、足軽や雑兵が登場すると、大量の安価な防具が必要となってくる。そこで皮が求められたのだ。

毛をとったなめしていない皮、つまり生皮がもっとも堅牢な革とされ、甲冑、胸当てに最適の革とされた。柔らかい革には小動物の皮、硬い革には牛馬の生皮を用いていた。

説明が遠回りになったが、つまり、日本では西洋と違って、「しなやかさをもった硬い革」自体がなかったのである。明治期に西洋から革が輸入されて初めて、このような革をつくらなければならないということになった。しかしその技術がなかった日本では、結局靴の甲革は作ることはできても底革はなかなかできなかったのだ。

それならば、どんな方法で強靱な姫路の白なめし革ができたのだろう。

先に引用したとおり、姫路には、市川という川が流れている。これが大変な財産で、川には毛根をするりと抜けやすいようにするバクテリアが生息している。毛がついたままの原皮を漬け込んで、バクテリアに手伝ってもらって脱毛作業をしたという。ほかに毛がついたままの原皮を毛の部分を内側にしてたたみ、温室のような室にいれて発酵させて毛を抜き取る方法もあったというが、この方法が多く用いられていた。

大事なのは、石灰を毛抜きに使っていないということだ。アルカリ性の強い石灰に漬け込めば、アルカリを抜くために酸を加えて中和しなければいけない。そうしなければなめしを皮全体に浸透させられないのだが、それが皮の繊維質を傷めてしまう。姫路の皮はそれをしないので繊維が傷まず強靭な革になったのである。

それに、皮に化学薬品を使っていないので基本的に人肌と同じだ。だから包帯にすることができる。足で菜種油を革にしみこませ、もみこむことで一層強靭でしなやかな革となる。太陽の光に照らされると表面の細かいシボ（革の表面の細かい凹凸）が反射して白く光る、姫路の白なめし革が誕生するのだ。

西欧からの疑問

ある時、英国の皮革専門家、レッドウッドさんからつぎのような質問を受けたことがある。

「日本の革でつくられた箱（革文庫）には、いったいどういう用途があったんですか」

考えてみると、西欧では重要な文書はすべて羊皮紙に書かれていたので、移動させるにはくるくると丸めてしまえばいい。紙に文書を書くようになっても、箱より紙の封筒にいれて蝋で刻印を押し、使者がもっていけばいい。

わざわざ恭しく紙の文書を箱のようなかさばるものにいれなくとも、と思うのも道理だ。おまけに文机の上にその箱を置いたりすると聞くと、どうしてこんな箱をひとりで何個も買い求めていたのか理解に苦しむのだろう。その場にいたのびさんがこう答えた。

「『乱れ箱』いうんですが、ちょっと大きめの箱で、女性の身の回りの小物をいれたり、男性の小物をいれる箱もあったんです。今でいうドレッサーみたいな」

レッドウッドさんはまだ、理解ができない、という顔をしていた。なぜ箱が毎年毎年、姫路で売れに売れたのか。決して安い買い物ではないのに。日本人はやたらにお土産を買いまくるのが好きなのか。それもかさばる箱を革でつくる。納得できない。

西洋だったら、もっと実用的、日常的に革を使う。たとえば馬の鞍などだ。ほかにはチーズをいれる革袋とか、羊皮紙とか。革の帽子や衣類は長持ちするし、洗わなくてすむ

鹿革でつくられた法被（江戸時代、印伝博物館蔵）

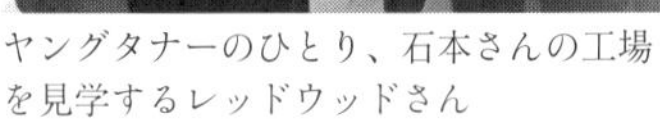

ヤングタナーのひとり、石本さんの工場を見学するレッドウッドさん

から便利で、結局いい買い物になる。
しかし、一般の日本人にとって皮革製品は、めったなことでは買えない代物だった。衣服に使ったり履物に使ったりするには高価だったに違いない。下駄の底に板目革を張った雪駄は、雪道にも雨にも強いから飛ぶように売れたというが、これとて江戸時代後期からだし、値段は高かった。

江戸時代中期から、都市では雪駄を履くことが一般化し、高級品だったため修理屋が重宝された。いったん雪駄が流行すると、今度は草履を履いていることが「ダサい」「イナカモンや」と思われただろう。雪駄は一足銀四匁から六匁だったというから、ちょっとした財産だ。まちの辻や橋のたもとには軒並み雪駄直しが座っていて、忙しく仕事をこなしていただろう。英国でいう修理専門の「コブラー」だ。ただ、日本では雪駄をつくる人には部落外の職人もいたが、修理をする人は全員かわた部落の人びとだった。この雪駄直しが結構いい商売で、かわた部落の人口増を支えていたという。

のびさんによると、女、子どもでも（下駄や草履履きが多かったが）最低ひとり一足は雪駄をもっていたらしい。つまり、江戸あたりでは一〇〇万足、大阪とその周辺だと五〇万足くらいは普及していたはずだ。

それを修理するだけでかわた部落の人たちは仕事にありつける。秋から早春までは寒いので足袋を履くようになると、今度は丈夫な革足袋も必要になってくる。革足袋の制作と修理もまた、かわた部落のいい収入源になっていたのだという。

「こだわり」に固執することへの提言

江戸時代の革には、白くするためにミョウバンをいれて仕上げたものもあるという。これは本来の姫路白なめし革とは呼べない代物だ。しかし、レッドウッドさんはそれでもいいのだと話す。

「ホルマリンをいれるのはありえませんが、全国各地で姫路と同じように油なめしや脳漿なめしが行われていたとすれば、そのなかでいくつかの手法が出てきても不思議じゃないでしょう。少し黄色くなるものがあってもおかしくないし、なめしにかかった時間によっても高級品から普及品までバリエーションがあっても当然です。ミョウバンをいれたのだって、当然あったんでしょう。そんなに唯一の方法に固執しなくてもいいのです」

今現在、昔のままの高級な姫路白なめし革をつくろうとすると大変である。何人もの人が交代で、何百時間もくたくたになるまで原皮を足で踏んでなめすのでは、試験的につくるのはいいとしても、商業ベースではまったく採算がとれない。それが不可能なのであれば、別にドラムを使って柔らかくし、ミョウバンを使って白く仕上げてもいいではないか。もちろん、人体に害があるとして使用が世界的に禁止されているホルマリンなどを使うことはしてはいけない。

しかし、トレーサビリティの範囲で薬品を使っても、姫路の白なめしが今に受け継がれているという物語性が失われるわけではない。現代的なやり方でよみがえらせたってかまわないではないか。レッドウッドさんはそのようなことをいっているのである。

過去に、かわた部落の人びとが重労働に耐えながらつくりこんだ、美しく強靭な白なめしの物語は、大事な遺産だ。それを現代によみがえらせることで「ブランド化」に貢献するのであれば、たとえクロムなめしを使おうが、ミョウバンを使おうが、かまわない。レッドウッドさんはそう明言する。

消費者は現代の生活にあった製品であれば、その個々のストーリーを許容し、楽しんで愛着をもつことだろう。むしろそうやって身近によみがえった姫路革でできた製品を「クールに」使いこなし、日常生活のなかでストーリーもろとも使い込んで愛着をもつことを楽しむだろう。

タツノ・ヤングレザーマン・クラブ

たつの市は兵庫県の西南に位置し、人口八万人あまり、かつて龍野藩五万三〇〇〇石の城下町だった旧龍野市と揖保郡新宮町・揖保川町・御津町が合併してできた市だ。江戸時代から龍野の松原・誉田・沢田地区では皮なめしが盛んに行われていたというが、多くは姫路藩の高木村に出稼ぎに出ていた。高木で学んだ手法で龍野に帰ってきた人びとが自分たちでなめしを始めたということだから、同じ流れに属している。

おまけに働いている人たちが自分たちで開発した技術もある。製造工程で油を多く用い、張り干しして仕上げるやり方は張木地と呼ばれているが、この手法を用いると革がたるまずにきれいに張れる。これは龍野からきた人びとと独自の改良で、のちに高木でも真似るようになったともいう。

高木や御着といった革の産地と並び称されるたつのだが、今や高木や御着よりときめいているかもしれない。何といっても海外からも脚光を浴びる「ランドセル」の産地でもあるからだ。

私がこのたつのに興味を持ち、英国からレッドウッドさんを招聘してセミナーを開催してみようと思ったのは、たつのに住んでいるのびさんからヤングレザーマン・クラブの存在を教えられたからだ。

革の製造過程や歴史についてはよく知っているのびさんだが、皮革産業がどうなっているかとか現実に売れるデザインかとか、トレンドなど、ビジネスについては皆目わからない。「ええ革や、と褒めてはみるんやけど、正直、私ら素人にはわからへんし」、それでも「素人目にもやっぱり東京のデザインと比べたら、何やダサいなあ、もうちょっと、なんとかならんかなあ、と思うし。そもそもブリーフケースやいうても、私らが持っとるA4サイズの書類もようはいらんし」という。

なんとか力になりたいとは思っても、やはりそこは専門家でないとだめだ。のびさんが聞いてみると、幸いなことにヤングレザーマン・クラブの数人のリーダーたちはレッドウッドさんがやってきて話をするというセミナーに興味を示してくれた。このままではいけない、とは思っても、今、世界の皮革産業がどうなっているのかを知らなければ対策がたてられないではないか。ともかくも話を聞いてみようというわけだ。

隣保館のセミナー室で行われた二日間のセミナーに参加したヤングリーダーたちは、いずれも真剣なまなざしで長時間の講義に聞き入っていた。利発で吸収力もありそうな若者たちで、質問もいろいろ出た。なめし工場を経営しているか、彼らと一緒に染色剤を開発している業者なので、自営業者としての思いは切実なのだ。レッドウッドさんは彼らを前にして話し始めた。

トレーサビリティは絶対条件

レッドウッドさんの話には二つの柱があった。

ひとつは大規模タナーと小規模タナーに二極化している現在の皮革産業現状をどう生き抜くかだ。これについては終章で詳しく説明したい。

もうひとつの柱とは、トレーサビリティを重要視するジェネレーションXとミレニアル世代についてだ。

レッドウッドさんは、トレーサビリティ、すなわち原料がどこからきたかを確実に知ることができることの重要性を強く主張した。聞いていて、それがどれほど今の皮革産業にとって重要なのかを、私も最初はあまり理解できていなかった。偽装したり曖昧にしたりすればいくらでもごまかせるのではないか。そんな風に考えると、一片の小さな情報の紙切れがどうしてそんなに「売り物」として価値をつけるのかわからない。

確かにレッドウッドさんと最初に訪れた浅草のものづくり工房では、完璧なトレーサビリティをもつ皮しか使わない高見澤さんのような人に会った。彼はたったひとりで事業をこなす社長であり、こだわりを持つ職人であり、私にとっては「つくるものに自分の思想を込めるアーティスト」のように見える。

ただ、それは生き方の問題であり、世界をまたにかけてビジネスを展開する大企業や、経営が大変な中規模工場や、小規模タナーたちが等しく従わねばならない「ルール」であるとすると、結構きついのではないだろうか。

ところがレッドウッドさんは平然という。

「これが世界のスタンダードだ。これなしに皮革を欧米で売ることなどまったく考えられない」

これこそが、企業のビジネス・イメージをつくりあげ、顧客を納得させるのだという。

途上国でも適切な排水処理を施し、なめしに使った水を浄化してから放水しなければならないことは私も知っている。

インドネシアやインドで訪れたなめし工場は大小さまざまなサイズであれ、一応汚水の浄化システムをもち、そのコストも生産コストの三%から五%という風にすでに原価のなかに組み込まれていた。むろん決して安い投資ではなく、何億円もかかるものだ。だが、今や汚水処理場がなければ政府からの工場操業の許可は下りず、結局海外の大企業からも相手にされなくなる。

もちろん日本のなめし工場は、東京であれ兵庫であれ、すでに七〇年代後半から汚水処理に取り組み、八〇年代にはすでに自治体の汚水処理システムに組み込まれている。そのコストは高く、一説によると、なめし業の生産コストを圧迫するくらいなので、自治体から請求される処理コストの負担割合をめぐって絶えずあつれきがあるといわれるほどだ。

使ってはいけない物質がたくさんある

だが、レッドウッドさんの話には「先」がある。排水処理だけでは済まない。なめし工程や皮革の製造過程で使用が制限（禁止）されている物質がリスト化され、RSL（Restricted Substances List）と呼ばれている。そこにあげられているものを使用していれば、海外の大企業からそっぽをむかれる。ホルマリンもそのひとつだ。

それらの「制限または禁止されている」物質を使っていると、消費者にたどり着く前に、工場で働いている労働者たちの健康に悪影響を及ぼしてしまう。働く人びとに健康被害を与えることで利益を貪っているような企業の革は使いたくない、というのが消費者の気持ちだ。今や、環境保全やトレーサビリティの観点から、革を定義していくことになっているのだ。

話を聞いていくうちに、私だけでなくヤングタナーズたちの表情も少し不安気になっていった。自分たちの工場のスタンダードが世界基準には追いついていないといわれると不安になる。どこから原皮をいれて、どんな薬品を使って、といったことまでみな明らかにしないといけないのか。欧米社会に販路を広げようとすると、こんなにもうるさいのか。なめした革としてはいってきたら、バングラデシュの革だろうと日本の革だろうと同じではないのか。上質かそうでないかの差はあれ、その革がどんな風になめされたか、どんな工場でつくられたか、若年労働者を使っているかどうか、なんてなぜ気にしなくちゃいけないのだろう。

われわれの疑問に答えてゆくレッドウッドさんは、新たな「強い意志をもった」消費者の存在をそれらの規制やガイドラインの背後にあげて説明する。それが行動し、意見を表明するジェネレーションXとミレニアル世代だ。

ジェネレーションXとミレニアル世代を探して

ジェネレーションXは、大体一九六〇年代から八〇年代までに生まれた世代で、教育程度が高く、中流の暮らしを営みつつもエコなライフスタイルを好む人をさす。インターネットの流れにも乗っていて、彼らの子ども世代と同様、電子ネットワークを駆使して生活環境を整えることを知っている。

ミレニアル世代はジェネレーションXの後の世代で、一九八〇年代から二〇〇〇年代に生まれた人たちだ。この世代はインターネット世代ともいわれていて、生まれて物心ついた時からインターネットは存在していたという初めての世代だ。近代的テクノロジーがいつでも手に届く環境で育っている。ＩＴを駆使して最新の知識をもっていることを誇りにしている。

両者とも、ＳＮＳなどではすでに十分おなじみで、YouTubeへの投稿で面白い動画を見つけるとすぐにツイッターやインスタグラムでほかの人びとに拡散する。インターネットを駆使し、世界中から発信される情報ですぐさま動く。環境保護やエコ活動に積極的でアマゾンの熱帯雨林を守る活動やウミガメの乱獲を防ぐ運動など、次つぎにグローバルな運動を展開する。

これは欧米にとどまらない。今やシンガポールや東京、ムンバイや上海などのアジアの大都市部にも高学歴で英語を駆使し、世界とつながっているジェネレーションXやミレニアル世代たちは増えていて、上・中流層をリードしているオピニオン・リーダーだ。

「ストーリー」「体験」へと移行する価値

彼らが、今までの中流層と少し違うのは、ものごころつくころからインターネットがあったことだ。彼らの目の前にはインターネットがあり、その普及によって、ほしいと思ったら「すぐさま注文できる社会」が実現していることだ。

そして自分のためのモノ、体験にとてもうるさい注文をつける。「唯一の」というオリジナリティーを所有物や体験に求める。

旅行も好きだが、旅行は飲み食いだけでなく「体験全体」としてとらえる。偶然の出会いやかけがえのない唯一無二の「体験」をとても大事にして、すぐさま「唯一なユニーク体験」をＳＮＳに投稿し、情報を拡散、拡大させるのだ。彼らはモノではなく、ストーリーを、そして特別な体験を買う。

贅沢な毛皮などは「動物の毛をはぎ取ってそれを誇示して着ることは悪趣味だ」と思うかもしれない。そんな理由でむしろフェイク・ファーを身につけるほうに価値を認めるかもしれない。つまり、「安いから」フェイク・ファーを選ぶのではなくて、別の理由づけによってはっきりと選択するのだ。古くてもよく手入れされた「身につけた人の歴史がある」上質の衣類のほうを、新しいファスト・ファッションよりも好んだりする。砂漠化を防ごうという植林のボランティア・ツアーにも関心を示す。

そんな多岐にわたる消費行動を示す青年層がミレニアル世代だ。巨大な購買層として贅沢品のなかでも特異な嗜好をもつ。ダイヤモンドなどの宝石市場でも、「自分へのご褒美」として手に届きやすい値段で清楚なデザインのものを自分で買うかもしれない人びとだ。

たったひとつの店に行き、あれこれ迷ってからそこで買い物をする、限られた選択肢しかもたない世代とはまったく異なっている。誰かが買ってくれるのを待つというより、自分で買う。溢れる情報のなかから自分が満足するものをピンポイントで見つけだし、どこに行けばそれが得られるかを探し出す。そして自分のために買う。

厳しいＺ世代の目

こうした話の流れのなかでヤングマンたちは、「環境基準のＩＳＯなどをなめし工場でも守らなければならない」といわれ、さらに不思議そうな顔をした。

工場でつくられているところなど、消費者は見もしないのに、なぜその証明書をもらって商品につけることが大事なのか。

だが、ジェネレーションＸとミレニアル世代は、そんな小さな但し書きが書いてある証明書にも注意を払い、それを製品の「価値」のひとつだと認識している。その価値観は大企業をも動かす力をもっている。

たとえば二〇一二年、バングラデシュの首都ダッカで縫製工場が火事になり、工場のなかに鍵をかけて閉じ込められて働かされていた一〇〇人以上の若い女性たちが犠牲になったことがある。そのショップはＨ＆Ｍ、イケア、ウォルマートなど有名なファスト・ファッションブランドが外注していた先でもあった。一斉にその舞台裏がインターネットメディアで暴かれ、世界のファッションブランドは批判にさらされた。

バングラデシュで裸足の男の子が毒性のある化学溶剤を使っているなめし工場で働かさ

れている写真がレポートされたこともある。それがインターネットで拡散されると彼らは途端に反応し、バングラデシュの革にはネガティブな印象がついてしまった。

そんなところから革を買っているのはいったいどこの企業だ、とまたたくまに調べ上げる。そして、そんなひどいことをしてコストを抑え、利益をあげようとする企業からは革製品など買わないと宣言してしまう。そんなジェネレーションXとミレニアル世代たちによって商品にまつわる「モラル」「倫理性」が問われているのだ。

臭いや腐敗、排水といった個々の問題ではなく、生産の全行程に責任をもつ「モラル」をもつことが商品の価値としてとらえられているといっては大げさだろうか。

動物を屠って食べることはしかたがないが、せめて非人道的でないやり方で屠ってほしい、牛はリラックスさせて育ててほしい、そして革になったらせめて最後の端切れまで使いこなし、自然の恵みを余すことなく使ってほしい、無駄にはしないでほしい、といったメッセージが次つぎにあらわれてくる。

なめし工場を見学すると、レッドウッドさんは、働いている人びとが怪我や事故に遭わないよう火気厳禁のものや有害物質がはいった缶などを無造作に置いていないか目を配る。雑然としていると、「これはだめ。グローバルな基準にあっていない。是正しなければば外に皮革は売れないよ」と私にいう。

レッドウッドさんは、ジェネレーションXより前の世代に属するのだが、世界をまたにかけて皮革産業界をまわっている。ジェネレーションXやミレニアル世代の動向に周波数を合わせ、調査に余念がない。レッドウッドさんがアイパッドやアイフォンから取り出す最新の情報を見せられて感心しているヤングレザーマンたちは、ちょっと遅れ気味だ。彼らももっと世界とつながらないといけないのだろう。

ジェネレーションXやミレニアル世代からのメッセージを無視しては皮革ビジネスは成り立たなくなっている。

ジェネレーションXとミレニアル世代のライフスタイル

彼らは都会派で、車でなく電車やバスなどの公共交通機関を使って移動する。「ほしいと思ったらすぐ買う」こともできる一方、やたらひけらかしたり、見せびらかしたりするだけのためにモノを買うことはしない。特に金持ちというわけでもない。

アパートメントを買ったり、大学の授業料を払ったりするので借金がある。時として刹那的な消費動向に走ることもある。だが、彼らは現代社会ではモノより経験が価値をもち、それが自分を唯一無二の存在にしてくれることを心得ている。

そう、モノに込められた価値を買うのだ。旅行にしろ習い事にしろ、モノを買うのではなく、体験、経験にお金を出す。「調べまくって」「納得してから」でないと買わない、参加しない、厄介な消費者だ。

巨大な市場

確かにそういわれてみると、全国で一〇〇〇以上あるといわれる皮革教室に通ってくる若い人びとは、もろにこの世代だと納得する。「皮革が好き」な人たちだが、同時に皮革にストーリーを求めている人びとでもある。アジアでもミレニアル世代は増えている。今や四億人の中国人、一億五〇〇〇万のインド人がミドルクラスになり、二〇二〇年までにはアジアの一〇億七〇〇〇万人がミドルクラスになるといわれている。したがって、ミドルクラスのなかでかなりの割合でジェネレーションXやミレニアル世代が登場してくるわけだ。

日本の皮革マーケットは、非常に強い高級品志向に特徴があるとレッドウッドさんはいう。

まず、日本人は海外旅行が好きだ。旅行して高級な革製品を買ってくる人も多い。ブランドの知識も豊富だ。富裕層も多い。二〇一五年で、一二六万人以上の一〇〇万ドル以上の資産をもつ人びとがいた。これは中国の倍以上だ（中国は六五万四〇〇〇人程度と考えられている）。

高齢化にもかかわらず、日本ではこれに加えて二〇一五年から二〇二五年にかけて三三万七六〇〇人の一〇〇万ドル以上の資産をもつ人びとがさらに出現するだろうと予測される（中国はこれに対して四九万五〇〇人程度増えるだろうと予測される）。そうして二〇二〇年の東京オリンピック前後はこのような人びとが、まさに消費の起爆剤になると予測されるのだ。

贅沢、見せびらかしから機能美へ

日本のジェネレーションXやミレニアル世代の特徴は、贅沢は「見せびらかし」ではなく、「自分へのご褒美」と受け取られている点だ。欧米と同様、いや欧米以上に成熟したマーケットなのだ。

日本人にとって、社会的地位、ステイタスの表現とは、大事な場面で富を表現できることだ。だが、それは「よい趣味をもっていることを周囲に示し、尊敬を勝ち得、自分もそれで満足する」ということで、必ずしも派手な「見せびらかし」「ひけらかし」それ自体が目的なのではない。文化的に成熟した欧米や日本の場合、すでに「見せびらかし」から「生活の一部」に「贅沢さ」の表現の場が移っている。贅沢さの表現は自分の快適な環境の一部として求めるのだから、モノとは必ずしも「物」でなく、環境のような、体験のような物でないモノでもある。自分の行動や反応がそのなかに組み込まれているといってもよいだろう。

皮革とは何なのか

こういう人びとにとって、皮革とは何なのか。もはや革の代用品がプラスチックでも出てきている今日、不可欠な物ではなくなっている。だから現実に靴などの履物類、自動車の内装面でも皮革のシェアが減少している。

ところが、意外にも高級品部門で皮革製品は健闘していて、再び職人技が脚光を浴びている。ジェネレーションXやミレニアル世代は「職人がつくったもの」が好きで、それらを求めてもいる。革に特別な個人の経験・体験を求め、その皮革にまつわる物語を大事にしているのだ。革の家具、革の内装もまた「ストーリー性をもって」脚光を浴びている。

素材としての革の需要がこのようなコンテクスト（文脈）で拡大している。チープな革、雑な縫製の革製品は受けいれられない。文化の洗練度としての革がステイタスの象徴となる。

よい革は驚くほど長く使える。よいものであれば修理して一〇〇年以上も使うことができる。そんな「もったいない」という気持ちを掻き立てるような革ならば、思い入れを込めて選んだ製品に違いない。修理してでも使いたいと思う革製品には、たくさんの過程を経てきた歴史とそれに巡り合って購入した人との交流があるのだ。

皮革は精肉と酪農産業の副産物でもある。よい酪農、牧畜がよい皮をつくる。よい牧草を食べた乳牛がよい皮となる。牛の糞や骨が土にかえり、よい肥料となり、牧草地が育つ。牧草地は二酸化炭素排出量をかなりコントロールする効果もある。洪水や日照りも防ぐ。牧草を生かすことで長期に穀物連鎖を守り、化学肥料の使用が不要になる。そんなエコな世界の象徴が革なのだ。

そして、革が売れるためにはそれらの背景がストーリーとして描き出せるようなすぐれた素材となっていることが必要だ。いってみれば、エコに配慮したＩＳＯのラベルや特殊な肌触り、環境基準を満たした工場でつくられたというお墨付きなどはすべて、潜在的購入者たちが実際の革とともに読み取る「テクスト」ともなっている。それを読み取った購買者たちが自己実現の一部としてさらにそのテクストを発展させ、自分だけのストーリーを革とともに描いていき、ディスコースをつくってこうとする。それが「買い物」という行為であり、自己実現の実践としてのディスコースの拡大再生産となるのだ。

終章

革は「ミステリー」

どこからはいっても、どうしても皮革

レッドウッドさんが英国に帰る前夜のことだ。夕食をとった後、パブで夫をともなって、三人で何時間も話し込んだ。

レッドウッドさんは大学時代、一時政治生活に身を投じようとしたこともあったらしい。聞いてみると「保守、リベラル」だが、最近の英国のEUからの離脱にはがっかりしているという。ロンドンが欧州の金融センターの中心でなくなることへの危惧や、EUのマーケットをあきらめざるを得ないことが英国の経済にとって、また世界の皮革市場に

とっても大きなダメージになると考えている。

皮革産業の場合、他のEU諸国との国際分業が進んでいるので製品のマーケットが小さくなるだけでなく、世界の皮革産業にとっても大きなマイナスになるというのだ。

世界情勢の話は尽きなかったが、私の夫は帰り道、こういってため息をついた。

「彼はほんとうにいい人で、知的で面白いのだが、どんな話からはいっても、どうしても結局は皮革の話に行きついてしまう」

まさに皮革とともに歩んできた人生だが、それほど革は彼にとっていまだに「ミステリー」なのだ。

もっともそのミステリー性は、なめしと手袋づくりを稼業としていた家系に生まれ、代々皮革業のギルドに属していることからもきているに違いない。そういう家系に生まれたからこそ皮革のコミュニティ（あるいは仮想上のムラ）の空気を吸い、革を深く理解し、探求するような環境を与えられたのだろう。

レッドウッドさんの経験

彼は大学時代の恋人と結婚しようとしたことでつまずきを経験した。

出会った彼女はカトリック教徒だった。彼女と結婚すれば、一族が代々勤めてきた皮革企業では働けなくなる。もともとスコットランド出身で、一族は代々皮なめしとシープスキンなどでの手袋づくりをする「グローバー」のギルドに属していた。数世代前からは、地元の皮なめしと皮革製造販売をする工場の経営陣にかかわってきた。だが、彼は恋人と結婚するために自分が会社の経営に加わることをすっぱりとあきらめ、外に出ることを決心した。

「うちの工場では代々カトリックは雇わないことにしていたんです。カトリックとプロテスタントは合わないので、職場に微妙な不協和音をつくることになる。だから、誰かが応募してくる時、それとなくこの点を確かめることにしていて、相手がカトリックだとわかると雇わないようにしていたんです」

カトリックとプロテスタントの対立問題はアイリッシュとイングリッシュやスコティッシュの対立でもある。伝統的な皮革業の世界では工場内での「異教徒」の存在を許さない。そんな排他的な側面もあるらしい。

結果として彼のこの選択は、皮革の世界を四〇年以上にわたってグローバルに渡り歩くことを余儀なくさせた。それを経たことで彼は皮革の生き字引となり、後進を育てる役回りを担った。そして業界全体へのアドヴァイスができるコンサルタントになったのだから、何が幸いするかわからない。

後に南アメリカのコロンビアの皮革会社で働いたこともあり、スペイン語はその時にマスターした。アフリカではエチオピアで皮革会社のコンサルタントを長くつとめた。イタリアの小さな皮革のまち、サンタクローチェで働いたこともある。

だが、自分の決断で別の道を歩む選択ができたのは幸いだ。彼はその後、博士号や経営学修士号をとり、皮革の専門家として英国やドイツの大学、皮革専門学校で教え、皮革会社のコンサルタントとして世界中を駆け巡った。インドやインドネシア、中国、日本も訪れたし、毎年香港やパリの展示会では審査員もつとめている。話を聞いていると、訪れたことのない主要な国はないのではないかと思えるほどだ。

日本の被差別部落の結婚の難しさ

彼が家系とつながっていた職場への就職をあきらめ、外の世界に飛び出していったことを思い出すにつけ、日本の被差別部落の問題を思い起こさずにはいられなかった。

日本の被差別部落（旧かわた部落）では皮革業が伝統的産業のひとつとなっている。そしてここにも結婚差別の問題がある。

知り合いの歴史家は、自分の姉が部落外の人と恋愛し、相手が去っていった後、結婚を断られる怖さに、恋愛自体をあきらめたという。かつて有名テレビ局の報道部のディレクターだった女性は、学生時代の恋人が部落の出身だということで家族に結婚を反対され、結局別れざるを得なかったと私に語ったことがある。

また、ある写真家は、自分の恋人が「自分は部落の出身だ」と告げて、突然離れていったという。

「僕は彼女と結婚するつもりだったから、ひきとめたんです。でも、むこうがどうしても、といって、自分から身を引いていきました」

この女性が以後どうなったかは知る由もないが、彼もまた未婚であることを考えると、双方に与えた心の傷は癒しようもないほど大きかっただろう。彼らは旧世代だから、若い世代はたぶん状況が違うのだろう。だが、かつてこのように身を引かざるを得なかった女性たちがその後自ら選んだ場所において、多少なりとも満足できる人生を送れた、あるいは現在では送れるようになっていることを祈るほかない。

のびさんとレッドウッドさん

ところで、レッドウッドさんと皮革の話をすることができたのびさんは、とても幸せだったようだ。

ある時、二人は西欧社会と日本でのなめし方の違いについて話し込んでいた。

西欧では一〇〇%天然の植物なめし、特にタンニンなめしが優勢だったが、日本ではタンニンなめしはまったく行われていなかった。一九世紀ですら、七世紀に大陸からわたってきた、北シベリアや北米のネイティブアメリカンたちと同じ流れをくむ「油なめし」の伝統を後生大事に守り続けていた。そしてそれを日本独自の技法にまで発展させてきたのだ。

日本では一九五〇年代までずっと白なめしが一般的だったといわれ、レッドウッドさんは一瞬言葉を失った。ややあって彼はつぶやいた。「信じられない、なんてことだ!」、と彼は頭を抱えた。自分の常識が覆されたからだ。彼の考えによると、世界の皮なめしは油なめしから植物なめしに移行し、その後クロムなめしが主流を占めるようになったという進化論のようなものだ。西洋でもイスラム世界でもこのような流れが基調だからだ。

一方、のびさんにとっては、日本で植物なめしが行われなかったのは「あたりまえ」のことだ。

「西洋の人たちはあれこれ溶剤つくって何ちゃら混ぜたりして、いろいろ加工するばっかりや。せやから、私らのやり方がわからへんのです。日本では、油なめししかなかったんや。油なめしいうても、菜種油とか外から油をいれたりすることすら本来のなめし方やないんです。そんなことせんでも、もともと皮のなかに油がある。動物の皮やから。それを足で踏んでいくと、自然に出てくる油を利用して、なめしていくのがもともとのやり方やったんです。鹿とか馬の脳を使った脳漿なめしも油なめしの一種やな。後は煙でいぶしてなめすやり方もありました」

のびさんによると、菜種油をいれるのはなめらかにするだけでなく虫がつくのをさけるという効果があるからだろうということだ。

レッドウッドさんはまだ信じられないという顔で、上の空だ。「こんな簡単なことがなぜ今までわからなかったんだ！」とつぶやいている。

実は、西洋では油なめしをした革は強度がいまいちだとされている。油なめしでは硬い革をつくることができないという理由で一三〜一四世紀には廃れてしまう。良質の油なめしでつくられた革製品が一三～一四世紀以降、ほとんど西洋に残っていないのはそうした理由からだ。

硬くて強い革をつくるにはタンニンなめししかない。西洋の人びとはそう思い込んでいた。ところが一九世紀末、長い鎖国から解き放たれて世界の檜舞台に突然あらわれた日本がもたらした革は、まったく逆だった。しなやかで白く、そして世界で一番強靭な革だった。工業用の機械のベルトにも使える革だったのだ。そしてそれは油なめしでつくられていた。なぜそれほど強靭だったのだろう。

のびさんはいう。

「タンニンなめしをする場合、タンニン槽に浸けますけど、その前に石灰とかいれて漬け込んでやわらこうして毛抜きしますやろ。そしたら、繊維が傷むやないですか。だから、革が弱くなるんです。日本では、それをせえへんために、市川の水に浸けたり、毛があるほうを中にいれてたたんで、室のなかで発酵させたりして毛を抜きやすくしたんです。繊維を傷めないためだ。せやから白なめしの革は強かったんや」

前章で述べたように姫路の白革は一九世紀の末（一八六七年）、パリの万博に初めて登場し、衝撃を与えた。その強さが証明されて、姫路の白革は盛んに輸出され、ベルトやワッシャーなどとして工作機械や運搬用具などに使われる。他方、バッキンガム宮殿の衛兵のベルトなどにも使われ、強靭さを備えた優美さ、しなやかさをもつ革としてもてはやされた。

しかし、クロムなめしがその後またたくまに世界を席巻し、日本の白なめしは価格でも製造スピードでも太刀打ちできず世界の檜舞台から消えていく。それとともに日本の油なめしの皮革の伝統のすごさもまたたくまに忘れ去られていった。

「油なめしが二〇世紀半ばまで一般的だった社会なんて、日本くらいじゃないのか」

レッドウッドさんはつぶやく。するとのびさんは「いいや、そんなことないです」と、言下に否定する。

「北東シベリアでは油なめしはずっと一般的やったし、北米のネイティブアメリカンの間でも油なめしやった」

確かにレッドウッドさんもそれは知っている。欧州でもサミと呼ばれるノルウェーやロシアなどに住む狩猟・遊牧・漁労民は魚やトナカイなどの油を使ってなめしていた。ただ、部族社会ではそうだったけれど、いわゆる工業化された「先進国」で二〇世紀半ばまで油なめしが一般的だったというのは驚きだ。

「なぜ日本ではタンニンなめしが広がらなかったんですか」と尋ねるレッドウッドさんに、のびさんは、また平然と「常識です」といった表情で続ける。

「タンニンなめしは松とかなんとかの木の皮を大量に必要とするやないですか。それしてもうたら木が少なくなって山も荒れるやないですか。日本では森とかを丸裸にすることは森への信仰があってできへんかった。それやったら生態系にも影響して魚がとれんようになるし。それに、タンニン槽いうたら場所もとるし、どぶ漬けみたいにせんならん。それより白なめしのほうがよかったんです。せやから日本の森も守られたし」

そういわれて、レッドウッドさんは「なるほど」と静かにうなずくよりしかたなかった。

もしも、〇〇だったなら

のびさんは、「レッドウッドさんともっと前から知り合っていたら、あれもこれも聞けて、ずっと楽しかったに違いない」と残念がる。レッドウッドさんがいるノースハンプトンの研究所や皮革化学者協会などに行ったら、それこそひねもす皮革の話ばかりしている専門家たちがたくさんいて、私にもあれこれ文献を教えてくれる。一方、のびさんは、周囲に革の研究について濃密な話をする相手が見つからないと嘆く。「妻を相手に話をすると迷惑な顔をして、それでも黙って聞いてくれる」そうだが、彼が飽きることなく話したい専門の研究者、革について一日中でも語れるレッドウッドさんのような人が周囲にいないと嘆くのだ。

そんな思いは彼だけではないらしい。「姫路のトリックスター」こと柏葉さんも、歴史が大好きな永瀬康博さんも、「皮革について話し合う相手がいない」さみしさから、博識な皮革の「伝道師」の出口先生を担いで研究会を起こした。柏葉さんの家に集って彼らがひねもす話し続けるのは、皮革の歴史についてだ。

柏葉さんがそのフラストレーションを解消できた数少ない機会のひとつが、英国に渡った時だ。革を専門に研究している多くの専門家や、皮なめし業の家系に生まれたノースハンプトン市の市長さん、そして皮革に興味をよせる一般市民に、生まれて初めて接して感激した。

なめし業界で染色の専門技術者として長く活動し、そののち研究者になった博識のロイ・トンプソンさんが柏葉さんに、「今の発表を聞いて、一〇〇以上質問があるのだが、今日のところは自制して、二～三にとどめておきましょう」といった時、柏葉さんは狂喜した。すぐさまその「二〜三」の質問に答え、「さあ、後はどんな質問や、なんぼでも答えたるで、今夜一晩あるからな」と腕まくりをする。勇んで目を輝かせている柏葉さんを見て、トンプソンさんは「いや、私は今晩中には家に帰りたいですから、もう十分です！」と恐れをなし、退散した。

柏葉さんはあの時、「もし英語ができたら」、あるいは「日本語ができる英国人の女性と巡り合って英国に落ち着いて、なめし人になっていたら」、「そうしたら、英国で評価されてすばらしい生活を送れたに違いない」などと都合のいいことを考えていたようだ。「日本語ができて」、彼の「通訳をしてくれる」ような「英国人女性」を見つけることすらまず不可能に近いと思うのだが、そんなことを考える余地は彼にはなかったらしい。挙句の果てに英語で書かれた資料を読めないのを悔しがっていた。

同行した「元売れっ子放送作家」の長谷川さんは「柏葉さんがとにかくエキサイトしすぎていて、怖い！　これじゃあ家庭が壊れるのじゃないか。爆発しすぎだ！」と恐れ、冷や冷やしていた。そのくらい、柏葉さんは英国が気に入っていたのだ。

だが、そんな「もしも」はその場だけの思いつきだ。柏葉さんが、あるいはのびさんがそんな海外での人生を送るとしたら、今のような二人は存在しないだろう。のびさんはどこかの皮革研究所の所員になって忙しいサラリーマン人生を送っていただろうし、柏葉さんは英国のなめしの世界での生き残りを賭けて、技術を磨くことだけを考えて日本の先人たちの歴史などを紐解く暇すらなかったのではないだろうか。

かけがえのないそれぞれの人生

英国で垣間見た皮革業者・皮なめし人の専門職気質と、周囲から得られる尊敬を羨ましいと思うのは理解できないことではない。とはいえ、今まで柏葉さんが築いてきた姫路での生活と経験を全否定しては現在の彼がいなくなってしまう。「英語ができていたら、もっと自由にレッドウッドさんと意見の交流ができるのに」といって残念がるのびさんにしても同じことだ。

レッドウッドさんと直接英語で自在に話ができるようなのびさんは、今頃、欧米の皮革研究所か皮革企業で研究員やコンサルタントをしているかもしれない。しかし、大阪の友を悼み、「あれこれずっと話し合いたかったのに」と思いつつも、緻密で、大量の日本語で埋め尽くされた自らの論文に手をいれ、次の皮革の歴史セミナーの準備をするのびさんではない。永瀬さんや柏葉さんのような個性の強い「悪友」たちと皮革のあれこれを話し合ったりすることもなかっただろう。たつののヤングレザーマンたちの工場を見て、その製品を手に取って、「いいと思うけど、なんで外に売れないのかなあ」と考えをめぐらせてみる機会も、あったかどうか。

人生はそれぞれ一度きりで、次に生まれてくる時はどうなるかはわからない。だが、私にはのびさんが今の人生を、彼のこだわりゆえに有意義に送っているように見える。彼の研究は誰もまねができないし、彼の研究ゆえに日本の皮革について人びとは多くを学ぶことができるからだ。だが、これほど人びとを駆り立てる革の魅力とは何なのだろう。それが革のミステリーだろうか。

仮想の「ムラ」で語り合う

彼らがつくるコミュニティ、すなわち仮想の「ムラ」は、皮革を中心にまわっている。たとえばたつのなら、周辺にはたつの市役所や隣保館、その他の職業集団の人びとが配置されているのだろう。革の研究や革のビジネスにとって重要だとか話に付き合ってくれるとか、主人公たちを中心とする視点で遠近が調節されている。それぞれの人のなかに、革の世界にたいする深い思い入れがあって、失われつつある革の伝統をつなぎとめようと懸命だ。

姫路からの帰りがけ、レッドウッドさんと立ち寄った姫路美術館で見た油絵が目によみがえる。「賭け」と題されたその油絵では、三人の老人が緋毛氈(ひもうせん)を敷いたテーブルの一角に置かれたサイコロ入れを凝視している。

かたずを飲んで賭けがどうなるか、その手をまさにサイコロ入れにかけようとしている、というのが画家の意図なのだろう。老人たちは肌も髪も黒に近いグレーで描かれ、黒い西洋の僧服のようなローブをまとっていて、背景も暗い。鑑賞する私の目はテーブルの緋色に集中する。興奮と緊張からか、その横にいる老人たちはてんでに結果について話をしていたのかもしれない。集中のあまり、屈みすぎて背を丸めていたり、反対にお腹を突き出したりしている。彼らの指の先にはサイコロ入れがあり、その表情は、一瞬の緊張をあらわしている。

この油絵の前に立ったレッドウッドさんは、フフッと笑って私のほうを見た。

「姫路の人たちみたいね」

見なおしてみると、ほんとうにそうだ。絵のなかの三人の老人が注目しているのはサイコロ入れの中身ではなく、実はサイコロ入れそのものなのだ。高級なサイコロ入れは皮革と決まっている。彼らは珍しい皮革のサイコロ入れを発掘し、あれこれ思案し議論に集中している。彼らにとって時間は問題ではなく、皮革そのものを論じることが重要だ。

彼らのまとっている黒色のローブは欧州の修道院の僧服に見える。だが、それは黒い牛のメタファー（隠喩）で、緋色は闘牛の布の赤、あるいは牛の血の色のメタファーにも見えてくる。あざやかな緋の色は生命の色でもある。その上に載った作品としての革のサイコロ入れを、緻密に論評しているのだ。その緻密さは、いわば茶の湯の専門家たちが珍しい茶碗や茶杓を熱心に論評するのと同じだ。ああでもない、こうでもない、と黒服の僧侶たちは熱心にサイコロ入れの革をひねもす論評しているのだ。

二極化されているこの時代を生き抜くには

レッドウッドさんのたつの市のセミナーでの、もうひとつの話を紹介しておきたい。現在の皮革産業の状況をタナーとしてどう生き抜いていくかという話だ。

彼いわく、皮革産業は急速に変化している、食肉生産が減少しつつあり、原皮の生産量も質も落ち続けている。

ブラジルやアルゼンチンなどの牛肉の大生産地で大消費地だった場所ですら、肉食のペースが落ちている。ところが人口は増え続けている。そのため原皮の供給量が落ち、輸出がだんだん難しくなっている。まずは自分たちの国で必要な皮革を賄うことが第一になっているのだ。そこで高級品の原皮の争奪戦が始まる。

他方、アフリカは急速に皮革産業が伸びてきている有望市場だ。今まで経済成長率が低かったところでも人口が増え、経済が発展し、肉の消費も増えてきている。たとえばエチオピア、タンザニア、南アフリカ、ケニアなどだ。世界規模で活躍する皮革企業は効率的にビジネスを運営していくために、そこですぐに入手できる原皮を利用して地元むけの製品をつくって売り出す。途上国でも先進国でも収益をあげられるようにしているのがグローバル企業だ。

世界中に多くのなめし工場と加工製品工場を持っているプライム・アジア（Prime Asia）、イサ・タンテック（ISA TanTec）、スーパーハウス（Superhouse）などがそれだ。こんなところと対抗しようとしても中途半端なスケールでは到底太刀打ちできない。先進国でほとんどのなめし工場が淘汰されていったのはそんな事情からだ。

他方、先進国でも健闘しているのが小規模の高額商品をつくるなめし工場だ。ニッチな市場を確保し、高級な皮革に傾注する小規模タナーは数は少ないが収益はいい。

グローバルに皮革の世界を見ると、最新の設備と原皮の調達能力や原皮の集積地で生産ができるノウハウとネットワークをもっている大資本か、ニッチな専門領域を見つけて、そこに特化している小さななめし工場だけしか今の時代には残らない。

小規模なめし工場は、イタリアやフランス、米国などに見られるが、いずれも特色のある、特定の用途がある高級な革を求めるマーケットをがっちり押さえている。

レッドウッドさんは、たつののヤングタナーたちに、このような小規模で成功したなめし工場のモデルを参考にしてみたら、といいたいのだ。

大きな工場で普及品をつくるスピードと効率にはかなわない。資本が大きいので「そこそこのレベルの製品」を「リーズナブルな価格帯」でつくることができる。それと張り合っても小規模工場の利益は出ない。それより自分の工場が提供できる特殊な分野を探して、そこに特化して生き残れといいたいのだ。

「革本来のよさ、かけがえのなさをアピールすれば、それを売り物にできるんです」

彼がたつののタナーたちの格好のモデルとしてあげたのはイタリアのサンタクローチェだ。小規模タナーがいくつか併存している点、歴史的に皮革産業で生きてきた点、などを活用した高級皮革づくりに特化して成功したモデルだ。有名なファッションハウスのブランドを「ライセンス生産」してブランドの価値を簡単につくろうとしたり、彼らのコピーをつくるようなやり方だとまたたくまに淘汰されてしまうだろう。

ひところ市場を席巻した途上国の安い革に押しまくられ、欧米でも今まで生き残った工場の数は少ない。だが、生き残った高級皮革志向の小工場の業績は持ち直している。

レッドウッドさんの追伸

レッドウッドさんはたつののヤングマンたちにむけたセミナーを二日にわたって開催したのち、英国に帰っていったが、数週間後に彼らへの提言を送ってよこした。

というのも、英国に帰ってからレッドウッドさんはちょっと後悔したらしい。皮革業界のグローバルな業界トレンドについて話をしたのはよかったのだが、それがちゃんとアドヴァイスとして機能するにはもっと日本のことを知る必要があった、と思いいたったからだ。日夜情報を収集する彼らしい真摯さだ。

旅行中に得た知識を反芻し、帰ってから資料を整理して文献を読んだ。さらに、浅草のものづくり工房や甲府の印伝博物館を見た印象で全体を統合してみた。

すると、日本の皮なめしの歴史は、そのほかの世界と比べてまったく異なる展開を遂げてきたことがわかってきた。

独特な日本の皮革文化

日本では、食肉用として牛や馬などの家畜が飼育されることはあまりなかった。牛乳やヨーグルトなどは奈良時代に近畿地方の一部で取り入れられはしたが、結局廃れてしまった。

日本では確かに新石器時代に相当する縄文時代が世界的に例がないほど長く続いた。少なくとも一万二〇〇〇年以上にわたって続いたのは、日本列島がそれほど苦労しなくとも食べるものがいろいろあったからだ。労力がかかる水田稲作や牧畜などしなくとも、山にはワラビやゼンマイなどの山菜、クルミやクリなどの森の恵み、陸稲などもあったし、海や川からは魚や貝がたくさんとれた。そんなわけで、弥生時代にはいり、ようやく水田耕作が始まり、人口も増加したとはいえ、それでも牛や馬が食糧になる必要はあまりなかった。海や川の資源に恵まれていて、動物タンパク質としては魚貝類が一般的だったからだ。牛馬は水田耕作や運搬、あるいは交通手段として用いられたので、それらを殺してまで食べる必要はなかった。

遊牧民社会ではなく、海に囲まれていて侵略される危険も少なかったので、長期的な使用に耐える革のブーツなども必要とされなかった。つまり海外で必要とされていたような頑丈な、硬い革が必要とされているわけでもなかった。だから、タンニンなめしは、発達しなかったのだ。一〇〇〇年以上も永らえた日本の油なめしの伝統は、世界の皮革産業の歴史としてはかなりユニークだ。そうレッドウッドさんは感嘆していた。

ネットワークの大切さ

レッドウッドさんはメールでヤングマンたちに、ビジネス上のネットワークづくりの大事さを説きおこした。

交易の発達は、過去の交流と長い取引のなかでつくられた「道」、つまりネットワークに依存している。皮革の取引ではこれが革の道になる。長年にわたってルートが開発され、それを維持するだけでなく展開させ、連携を構築していく必要がある。ユダヤ人や客家たちの事例がまさにそれだ。

ひとりの人生は短いが、それを引き継いでいく身内や同じコミュニティの仲間によって何世代にもわたってビジネスのネットワークや皮革づくりの技術は伝承され、分業されて展開していく。

時間がたつにつれ、そのルート内で信用が蓄積され、利害関係が構築されて絆が強まっていく。このルートを簡単に壊さないことが大切だ。なぜならそのルートが生きているということは、何らかの合理的な理由があるからだ。むしろそれを活用して発展、展開を遂げさせなければならない。日本でずっと維持されてきた生産から販売のルートがあるのならば、それは何らかの合理的な理由で残ってきたのだから、それをつぶすのでなく、新たにその上に道をつくればいい。

大規模なめし工場にいかにして勝つか

大規模な工場は、なめしから完成品の靴やバッグまで全部一括してつくる。よって、安くて均質的なものが大量に供給できる。工場の従業員も何百人から何千人もいて、就業時間も守られていて管理運営もしっかりできる。中小企業がそれと競り合おうとして、何億円もの設備投資をし、リスクを負うのは現実的ではない。

どっちつかずの中規模の工場で赤字操業をして、結局中途半端なサイズなので工場はつぶれてしまう。「小規模工場にはそれなりの生きる道があるさ」と思い直してそれぞれの工場がよいところを育てるのが得策だ。みんなで一緒に同じものをめざすより、それぞれが特色をもったニッチな分野を開拓していくほうが生き残れる。自分の工場がどんな特性をもっていて、どんなニーズを掘り起こせるか、を知る手段が「直接消費者と向き合う」ことだ。

二〇世紀の終わりから一般的になったインターネットの世界でも、直接消費者にホームページで呼びかけて注文をとるやり方が一般的になっている。SNSも広告の手段としてはとても有効だし、無料で使える強力な手段だ。

メールアドレスがない！

それをするには、そもそも名刺にコンタクトできるメールアドレスがないと困る。

セミナー当日にヤングマンたちから名刺をもらって、レッドウッドさんが驚いたのは、彼らがほとんどメールアドレスを記載していなかったことだ。

「これだとどうやってみなさんに海外から連絡するんですか」

「普通私たちはファクスでやりとりするんです。そのほうが確実ですから」

「ええっ⁉」

レッドウッドさんは驚いた。ファクスが依然として彼らの商売道具のひとつだったとは。ファクスでやりとりする相手とはどんな人たちなのだろう。ヤングマンたちに聞くと、問屋や商社、百貨店といった伝統的な商売相手だ。

姫路やたつののなめし工場でいえば、一般的に少量生産・販売でなめされた革は、ほぼ一〇〇％国内で売買されている。直接消費者にむかうわけではなく、ほとんど問屋や商社、百貨店、その他の仲介業者経由で買い手が決まる。

問屋やデパートの場合、口銭はかなりとられるが、ある程度の量を引き取ってくれる。一五人から二〇人の従業員が働く小規模な工場としてみれば、SNSを使いこなすより、従来どおりの商社や問屋、百貨店に頼っているほうが理にかなっていたというわけだ。

国内市場で築き上げた販売ルートを保持し、つくりあげたネットワークで日本の消費者むけに日本市場で仕事を続けていくにはこれで十分だったのだろう。

それをまず、いかにして発展させていくかを考えよう、とレッドウッドさんは提案するのだ。

日本の国内マーケットの成熟度や市場の大きさからいっても、新たに途上国のマーケットなどを優先すべきではない、とレッドウッドさんはいう。

安い製品をつくり、リスクをとって途上国のなめし業者たちとしのぎを削ることが得策とはいえない。日本には成熟した消費者が十分存在していて、一度「これはいい」と思うとついてきてくれる。

となると、日本の文化に合う世界のトレンド、いわゆる「クール・ジャパン」の一角をなす皮革のブランドをつくる特別な技術や仕掛けが必要になる。

ニッチな市場を特定化していく時、たつのならたつのにすでに存在している技術を考えてみることが重要だ。自分の工場の利点、よさを開拓していく時、「近場」に活用できる技術やモノがあることはとても大事だ。

暗黙知に目をむけ、積極的な資産に

有効な方法として、「暗黙知」に目をむけ、それを意識的に活用する、ということがある。暗黒知とは、暗黙のこととして了解されているもの、たとえばその知識を了解している人びとが阿吽(あうん)の呼吸で行っていることだ。

書き記されているわけではないが、皮革の社会ではとても大事なものだ。家業伝統などとして、世代を通じて受け継がれる革の「ノウハウ」の面でもある。

私はレッドウッドさんと一緒に訪ねた甲府の印伝屋とその上にある小さな博物館を思い出した。甲府の鹿革づくり工場の印伝屋では、まさにこの暗黙知が「秘伝」とされ、評価され、企業文化そのものになっている。すべての工程を知るのは唯一印伝屋を継いだ家長のみだ。一族のなかでも絶対に全行程は教えてもらえない。

そのように暗黙知であったものに気づいて特化し、それを企業秘密として守っていくことに成功の秘訣がある。ストーリーがあり、博物館がそれを語り、「手仕事」のブランドとして買う人びとを引き込んで納得させる仕組みになる。

お得意様であれば、「こんなものが欲しい」といってくる。それが形になり、売り出されるまで約三カ月。それでも待っている人びとがいるから一〇〇％売れるのだろう。人気があればそのデザインは毎年発売できる。

YOUNG TATSUNO TANNERSという提案

レッドウッドさんはロンドンに帰る前にこんなこともいっていた。

「私たちが子どものころ、新しいものを買おうとする時、たとえば靴とか鞄、衣服、時計でも、親はずいぶん悩んだものです。あまり高いものは買えないけれど、安いものを買うと結局長く使えなくて損をする。時々修理しながら長く使えるものを買うと、結局得をする――だから、真剣に選ぶ。そういう考え方をしていたものです」

確かにずっと昔、そんなことを年寄りたちがいっていたような気もする。私の実家でも、昔からのものは直して使っていた。結局長く使えるものを――という考え方だったように思える。祭りの時には代々つとめてくれた家の家長がやってきて家紋がついた法被(はっぴ)をきて提灯をもち、家のまわりをしつらえ明かりをともし、お参りする時には先導してくれた。

あの法被も提灯も江戸時代からのもので、いつも蔵に大切にしまっていた。破れたり擦り切れたりすれば直して使っていたのだろう。当初は決して安いものではなかったろうが、一〇〇年以上もっていたことを思えばよい買い物だったろう。

おそらくジェネレーションXたちはこういってくれるだろう。

「そう、それでいいよ。ちょっと高い買い物だったなら、大事に使えばいいさ。修理したら使えるっていうのも愛着があっていいよね」。ちょうど、新喜皮革のシェル・コードヴァンの商品が修理に戻ってくるのと同じ考え方だ。

そう考えると、ジェネレーションXやミレニアル世代たちは、彼らの親の世代より昔のストーリーを語ってくれる祖父母の世代と気が合うのではないかとも思う。

レッドウッドさんは続ける。

営業を日本の顧客に集中するのが最適だと思ったとしても、そのためには国際競争力と革新の能力を示すことがとても重要だ。それで日本の顧客は納得して買ってくれるから。だから、国際展示会で名前をあげることだ。

展示会に出したからといってすぐに重要なビジネスにつながるわけではないけれど、よくプラニングされたたつのの若手のなめし人たちが国際的な展示会で展示をし続けていけば、きっと気づいてくれるバイヤーがあらわれる。

そこでよいコンタクトができていく。評価も徐々にあがってきて、それにつれて世界の動向がわかってくる。そうすると、逆に日本の消費者の動向もわかってくる。

世界の展示会では情報がいろいろとはいるので、皮なめし工場で使う新しい溶剤や機器についての最新情報に触れることにもなる。

海外での皮革製品の価格についての知識も得られて、おまけに賞金を競うコンペにも参加できる。結果としてそれが「たつのタナーズ」というブランドとなるかもしれない。

そうやって海外で知られていくと、海外の顧客リストをつくれる可能性が出てくる。

そんな風にレッドウッドさんにいわれて、私にはだんだんたつののヤングレザーマンたちのブランドが見えてきた。Young Tatsuno Tannersだ。皮革全体を扱うレザーマンというより、職人芸をもつことを前面に出したほうがいいのではないか、などとイメージを膨らませてみる。

未来への展望

レッドウッドさんはいう。

日本には皮革教室が一〇〇〇以上もあるというが、そこに熱心で成熟した皮革の消費者がいるではないか。そこによいデザイナーが隠れている可能性もある。皮革を低コストで提供して、この人びとに革を使ったデザイン製品をつくってもらうのはどうだろうか。彼らのアイデアを取り入れて、一緒に作業できる共同のワークスペースを、姫路城付近につくるのはどうだろう。Young Tatsuno Tannersが企画し、たつのの隣保館で長時間の話し合いをやったらどうだろう。周囲にある大学や研究所にも人材がいるはずだから、彼らから若い人をリクルートするやり方を考えてみるのもいい。周囲を有機的につなげてビジネスのネットワークとして育てていくのだ。

そんな話を聞きながら、私はうなずくことが多かった。たつの市は歴史的・文化的遺産が多い町で、「揖保乃糸」で知られるそうめんの産地でもあり、江戸時代から続くしょうゆの産地だ。海鮮料理もおいしい。そして、一躍外国人観光客の注目を集めて日本からの土産物として有名になった、あの「ランドセル」をつくる「たつの」でもある。

隣保館というのは部落の解放を目的として各地に建てられた公民館のことだが、地域の人たちが活用する催し物が行われる場所で、ひなびたノスタルジックな雰囲気がある。そこにあらわれる人びとの、なにか昭和の初めのころにタイムスリップしたような素朴さがなつかしさを誘う。ジェネレーションXの人びとは好きになってくれるのではないだろうか。

レッドウッドさんは続ける。

「よいアーティストやデザイナーを残すには、ラボのようなところがあり、そこに泊まり、地元の生活を見て、皮革関係の工場に就職することも考えられることが大事だ。町や地域社会もまちおこしに役立つから、市役所も地域のタナーズ協会も積極的に支援してくれるだろう」

ヤングタナーズは期待を寄せる。

市内で革を表示する、ポップアップショップがうまくいくかもしれない。姫路城付近を歩いている観光客は非常に多いので、彼らを惹きつける効果は満点だ。ポップアップショップというのは、空いている敷地や店舗を借りて、彼らを宣伝したいコンセプトがうけいれられるかどうかテストするやり方だ。一時的なショップだが、一般に認められうる「Young Tatsuno Tanners ブランド」の足掛かり、ヒントを得られるだろう。

人びとは、革にふれたりして素材を感じることが好きで、そのような直接の革との触れ合いはぜひとも必要だ。「革」と触れ合える「場」を、消費者は望んでいる。

だからこそ革と触れ合える場所をつくるのだ。姫路のお城の近くが観光客が多く訪れるからもっともふさわしい場所かもしれない。

革と触れ合う体験を!

「革にじかに触れて、その体験を楽しむということは、特別の意味をもつことだ」とレッドウッドさんがいった時、私は心から納得した。いかにインターネットで仮想空間に生きる時代であるにせよ、革はなにかそれとは別の体験を要求するような気がしていた。それが何であるか、レッドウッドさんが言葉にするまで、実は気づかなかった。

だが、それはかつて生きていた動物の身体がもつスピリチュアリティとでもいったらいいだろうか。日本では屍の穢れを扱うとして、皮革づくりの人びとは卑しめられていたが、同時にそのコミュニティは強い霊力をまとうことでも畏怖されていた。自然から文化をつくり出す人びとだ。どこまでが自然でどこからが文化かというと、おそらく動物の毛がついたままの「皮」、つまり「自然」の状態から、毛を抜き去ったところが「文化」への移行地点ではないか、とのびさんはいう。それを扱えるのが部落の人びとだけだった。つまり「自然」から「文化」への転換点は皮から革への転換点で、多くの霊力を身体にまとうことでもある。

だが、皮から革になっても、やはり動物のスピリットは残っていると私は思う。だからこそ、人びとは革のストーリーが好きなのだ。革に触れると、かつて生きていたころの動物の一部に包まれる気がするからだろうか。革の記憶は、肌と肌が触れ合うことで確かめられる存在感、安心感にもつながる。

磨きこまれた革の艶出しオイルや革自体の匂いが、雨の日の書斎やライブラリーの匂いの記憶すらよみがえらせることがある。歴史、安定、文化、豊かさ、といったイメージが、革と直接に触れ合うことで人の心をよぎるのだろうか。英国・ノースハンプトンの皮革博物館の倉庫で、まだ整理されていない皮革の品々を手にとってみせながら、ピアソンさんがそこにある品々をうれしそうに眺めていたことを思い出す。

一八世紀の荒波を越えて旅をした、植民地主義時代の絢爛豪華な部屋は、金銀と皮革で彩られている。その時代につくられた皮革の臭いをかぎ、その時代に思いをはせ、そのソファに腰を下すと、かすかにきしむ革の音がして、自分が革に包まれていることを実感する。絹ずれの音とはまた違った歴史の感触を与えてくれる。歴史の重みすら感じる。彼にとっても「革は特別」なのだ。

東京の自宅近くの家具屋にふらりと夫とともに立ち寄った時のことを思い出す。そこに置いてあったアーリー・アメリカン調の皮革のソファに腰を下した彼は、「やっぱり革のソファはいいね」と笑みを浮かべた。

「うちのソファは布製だけれど、ほんとは革のほうが好きなんだ」

肉を食べないアメリカ人の夫だが、革の家具は好きなのだとその時初めて気づいた。革のソファに座って米国の開拓時代に思いをはせてでもいるのだろうか。笑みを浮かべ、満足気な落ち着いた表情だった。

レッドウッドさんが畳みかけるように、ヤングマンたちに呼びかける。

「革に触れて、鼓動を感じてほしい。情感に訴える革！　そう、これをキャッチフレーズにしてはどう？」

私はこの日をYoung Tatsuno Tannersのブランドイメージが生まれた日だと夢想してみる。たつののヤングレザーマンたちがこれからそんな「皮革の時代」を切り開いていってくれることを期待して、ひとまずここでペンを置くことにしたい。

参考文献

序章…皮革をめぐるディスコース（言説）

日本語

網野善彦『中世の非人と遊女』明石書店、１９９４年
網野善彦『日本の歴史をよみなおす』筑摩書房、１９９１年
「荒川部落史」調査会編『荒川の部落史―まち・くらし・しごと』現代企画室、２０００年
出口公長「シリーズ姫路革―古代製法に酷似する姫路革」２００１年　Retrieved from http://www.hikaku.metro.tokyo.jp/images/pdf/130pdf/03.pdf
出口公長「印伝革の技術史的考察と製造技術に関する研究」『牛活機構研究科紀要』VoL.9、pp.102-107, ２０００年　Retrieved from http://ci.nii.ac.jp/els/110004727188.pdf?id=ART0007471111&type=pdf&lang=en&host=cinii&order_no=&ppv_type=0&lang_sw=&no=1485876444&cp=
出口公長『皮革あ・ら・か・る・と』解放出版社、１９９９年
出口公長（代表）「播磨地域皮革史の研究―取組の経過と達成点」『研究紀要』19号、ひょうご部落解放・人権研究所、２０１３年
木下川沿革史研究会編『木下川地区のあゆみ・戦後編　皮革業者たちと油脂業者たち』現代企画室、２００５年
中尾健次『江戸社会と弾左衛門』解放出版社、１９９２年
永瀬康博『皮革産業史の研究―甲冑武具よりみた加工技術とその変遷（御影史学研究会・民俗学叢書（６））』名著出版、１９９２年

西村翁伝記編纂会『西村勝三翁伝』大空社、１９９８年
ニッピ八十五年史編集委員会編『ニッピ八十五年史』上・下巻、（株）ニッピ、１９９２年
のびしょうじ『皮革の歴史と民俗』解放出版社、２００９年
塩見鮮一郎『弾左衛門とその時代』河出文庫、２００８年
上杉聰『明治維新と賤民廃止令』解放出版社、１９９０年

英語

Bessho H., 'The Diverse Activities of the Kugonin at the Medieval Nishinotsuji Site, Osaka', in Matsumoto N. (eds.), *Coexistence and Cultural Transmission in East Asia*, Left Coast Press, INC, pp.163-177, 2011.
Sekiyama H., 'Changes in the Perception of Cattle and Horses in Ancient Japanese Society', in Matsumoto N. (eds.), *Coexistence and Cultural Transmission in East Asia*, Left Coast Press, INC., pp.141-161, 2011.
Hankins, J. '*Working Skin- making leather, making a multicultural Japan*.' University of California Press, 2014.

第一章…革づくり人のアイデンティティ

日本語

部落解放研究所『弾左衛門関係資料集―旧幕府引継書』第二巻、１９９５年
土居健郎『甘えの構造』弘文堂、１９７１年
中尾健次『江戸時代の差別観念―近世の差別をどうとらえるか』三一書房、１９９７年
のびしょうじ『皮革の歴史と民俗』解放出版社、２００９年
佐藤栄孝『靴産業百年史』日本靴連盟、１９７１年
高橋梵仙「部落解放と彈直樹の功業」『社会事業研究所報告』第一号、中央社会事業協會社會事業研究所、１９３６年
皮革産業沿革史編纂委員会編『皮革産業沿革史〈上巻〉』東京皮革青年会、１９５９年
牧民雄『日本で初めて労働組合をつくった男 評伝・城常太郎』同時代社、２０１５年

英語

Wikipedia 'Vegetarianism' Retrieved from https://en.wikipedia.org/wiki/Vegetarianism_by_country

Weber, M. 'Essays in Sociology', Routledge, 1991.

Karner, C. 'Ethnicity and Everyday Life', Routledge, 2007.

第二章…革づくり人たちのディスコース

日本語

徳力彦之助『金唐革史の研究』思文閣出版、１９７９年

林久良『ウィーン万国博覧会・風雅の美・姫路革文庫　シーボルトが見た金唐革 in 姫路』私家版、２０１６年

トニー・ロビンソン『図説「最悪の仕事」の歴史』日暮里雅通他訳、原書房、２００７年

http://dictionary.jlia.or.jp/detail.php?id=493（一般社団法人　日本皮革産業連合会ホームページ）

英語

Adler, C., & Benzinger, I., & Seligsohn, M. 'Leather', *Jewish Encyclopedia,* 2001-2012. Retrieved from http://www.jewishencyclopedia.com/articles/9693-leather

Dean-Hicks Company, *Good Furniture,* vol.8, 1917.

Ben-Sasson, H. H. *'A History of the Jewish People',* Harvard Univ. Press, 1976.

Bonfil, R., Irshai, O., et. al. *Jews in Byzantium: Dialectics of Minority and Majority Cultures,* Brill, 2011.

Botticini M., & Eckstein Z., 'Jewish Occupational Selection: Education, Restrictions, or Minorities?' in *Discussion Paper Series IZA DP* No. 1224, Forschungsinstitut zur Zukunft der Arbeit Institute for the Study of Labor, 2004. Retrieved from http://ftp.iza.org/dp1224.pdf

Fletcher, R. *'Moorish Spain',* University of California Press, 1993.

Helmreich, W. *'The Enduring Community- The Jews of Newark and Metrowest',* Transaction Publishers, 1999.

Jewish virtual Library 'Leather Industry and Trade', *Jewish Virtual Library,* 1998-2017. Retrieved from http://

www.jewishvirtuallibrary.org/jsource/judaica/ejud_0002_0012_0_12000.html
Pereira, F. 'Slavery in the gilt leather trade: the trial of Lourenço da Costa, a "mudéjar" from the ones of Grenada, born in Seville, bought in Cordoba, and slave of the Lisbon gilt-leather master Jerónimo Fernandes', 2014. Retrieved from http://www.frankleather.com/site/docs/Slavery_in_the_gilt_leather_trade.pdf
Pereira, F. 'Gilt leather/guadameci in Coimbra- comments on documents of the 12th and 16th centuries', Boletim do Arquivo da Universidade de Coimbra, XXV, pp.169-180, 2012.
Yovel, Y. *'The Other Within: The Maranos: Split Identity and Emerging Modernity'*, Princeton Univ. Press, 2009.

第三章…北米のユダヤ人

日本語

Wikipedia.org.「ユダヤ系アメリカ人」Retrieved from https://ja.wikipedia.org/wiki/%E3%83%A6%E3%83%80%E3%83%A4%E7%B3%BB%E3%82%A2%E3%83%A1%E3%83%AA%E3%82%AB%E4%BA%BA

英語

Gentleman's Gazette 'Horween Leather History', March 21, 2012. Retrieved from https://www.gentlemansgazette.com/horween-leather-company-chicago/
Helmreich, W. *'The Jews of Newark and Metrowest: The Enduring Community'*, Transaction Publishers, 1999.
Jewish virtual Library 'Leather Industry and Trade', *Jewish Virtual Library*, 1998-2017. Retrieved from http://www.jewishvirtuallibrary.org/jsource/judaica/ejud_0002_0012_0_12000.html
Katz, M. S. 'THE GOLDEN AGE RETURNS', *The Jerusalem Post,* 14 September, 2016. Retrieved from http://www.jpost.com/Jewish-World/Jewish-Features/The-Golden-Age-returns
Leviant, C. & Pfeifer E. 'Beautiful Barcelona and its Jews of today and long ago', *New Jersey Jewish News,* Sept. 18, 2008. Retrieved from http://njjewishnews.com/njjn.com/091808/ltBarcelona.html
Rose, E. *'Portrait of Our Past- Jews of the German Countryside'*, The Jewish Publication Society, 2001.

第四章…シェル・コードヴァンをつくる人びと

日本語

「新喜皮革」http://shinki-hikaku.jp/shinki-hikaku.html

「ウォームクラフツマニュファクチャー」The Warmthcrafts-manufacture, 'The WarmThcrafts-manufacture,' 2016.（日本語サイト）Retrieved from http://www.twcm-store.com/about

英語

Alden of New England 'Genuine Shell Cordovan,' 2016. Retrieved from http://www.aldenshoe.com/DrawOnePage.aspx?PageID=7

Best Leather 'All About Shell Cordovan – An Interview with Horween Leather Co.', 2016. Retrieved from http://bestleather.org/all-about-shell-cordovan-with-horween-leather-co/

Constable, R, O., *'Trade and Traders in Muslim Spain'*, Cambridge University Press, 1994.

Cumming,V., et. al. *'The dictionary of Fashion History'*, Berg Publishers, 2010.

第五章…アジアの革づくり人たち

日本語

山下清海「インドの華人社会とチャイナタウン―コルカタを中心に」『地理空間』2-1, pp.32-50、２００９年

山下清海編『華人社会がわかる本―中国から世界へ広がるネットワークの歴史、社会、文化』明石書店、２００５年

英語

Ambur Tanners' Association *History and Evolution of The Leather Industry- Vellore District*, Ambur Tanners' Association, 2013.

Chee-Beng Tan (ed.) *Routledge 'Handbook of the Chinese Diaspora'*, Routledge, 2013.

Chon, G. 'A Passage from India,' April 9, *WSJ*, 2011. Retrieved from https://www.wsj.com/articles/SB10001424052748704843404576251103873336010

Leo, J. *'Global Hakka: Hakka Identity in the Remaking'*, Brill Academic Publications, 2015.

McPherson, K. *'How Best Do We Survive?: A Modern Political History of the Tamil Muslims'*, Routledge, 2012.

Oxfeld, E. 'Still Guest People- the Reproduction of Hakka Identity in Calcutta, India,' in Constable, N. (ed.), Guest *People: Hakka Identity in China and Abroad*, University of Washington Press, 2005.

Sankaran, S. *'Five Decades of Leather- A Journey Down Memory Lane'*, An Indian Leather Publication, 1995.

Wikipedia 'Vellore District', Wikipedia, Jan. 19, 2017. Retrieved from https://en.wikipedia.org/wiki/Vellore_district

The Hindu 'Erode tanners trying for environmental solution', *The Hindu*, Nov 09, 2004 Retrieved from www.thehindu.com/2004/11/09/stories/2004110904500300.htm

Roy, T. *'Traditional Industry in the Economy of Colonial India'*, Cambridge Univ. Press, 1999.

Vaithegi, G. 'Decentralized Production System and Labour Market Flexibility: A Study of Leather Footwear Industry in South India', Paper presented at *International Conference in Memory of Guy Mhone*, 2005. Retrieved from http://www.networkideas.org/feathm/mar2007/PDF/Vaithegi.pdf

Safa, H. 'Runaway Shops and Female Employment; The Search for Cheap Labor', in *Signs* 7, No.2 (Winter), pp. 418-33, 1981.

第六章…姫路のトリックスター

日本語

西村祐子「日・印・英比較の視点からみる社会史としての皮なめし業」『ひょうご部落解放』１５０号、pp.66-80, ２０１３年

西村祐子「英国における皮革業の社会史：比較文化史の視点から」『駒澤大学外国語論集』14号、pp.65-109, ２０

１３年
脇田晴子『日本中世被差別民の研究』岩波書店、２００２年

英語

Blair, J. & Ramsay, N. *'English Medieval Industries: Craftsmen, Techniques, Products'*, A & C Black, 2002.

Clarkson, L. A. 'Developments in Tanning Methods During the Post-medieval Period (1500-1850), in Leather *Manufacture Through the Ages,* (eds. By S.Thomas, et.al.), EMIAC27, pp.11-23, 1983.

Clarkson, L. A. 'The organization of the English leather industry in the late sixteenth and Seventeenth centuries', *The Economic History Review*, New Series, Vol. 13, No.2, pp.245-256, 1960.

Clarkson, L. A. 'English Economic Policy in the Sixteenth and Seventeenth Centuries: The Case of the Leather Industry', in *Institute of the Historical Research,* University of London Advanced studies, pp.149-162, 1965.

Degermann.com 'le cuir de passion'. Retrieved in 2016 from https://www.degermann.com/presuk.html

Department of Geography East Midland Geographer, Volume 4, Issues 25-32, University of Nottingham., 1966.

Deschantre, M-H. *Cuir & Tanneurs en Alsace,* Editions Coprur, 2002.

Epstein, S. *'Wage Labor and Guilds in Medieval Europe',* The University of North Carolina Press, 1991.

Epstein, S. *'An Economic and Social History of Later Medieval Europe', 1000-1500,* Cambridge University Press, 2009.

Fitzsimmons, M. *'From Artisan to Worker- Guilds', The French State, and The Organization of Labor, 1776-1821,* Cambridge Univ. Press, 2010.

Greenall, R. L. *'A History of Northamptonshire'*, Phillimore, 1979.

Lucassen, J. et. al (eds.) *'The Return of the Guilds',* Cambridge University Press, 2009.

Masidlover, N. 'French Tannery in Demand as Source of Top-Notch Leather—Haas Uses Hands-On Techniques to Create Hides That Live Up to Labels' High Price Tags', *WSJ,* Nov. 6, 2013. Retrieved from www.wsj.com/articles/SB10001424052702304448204579181731679456174

Raistrick A. S. 'The Distribution of the leather industry in the Mid-nineteenth century,' *Journal of the Society of Leather Technologists and Chemists,* Vol.80, pp.169-172.

Thomas, S. 'Leathermaking in the Middle Ages,', in *Leather manufacture through the Ages,* (eds. By S.Thomas, et.al.), EMIAC27, pp.1-10, 1983.

Thomson, R. 'Leather manufacture in the post-medieval period with special reference to Northamptonshire', *Post-Medieval Archaeology* 15, pp.161-175, 1981.

Thomson, R. 'The Nineteenth Century Revolution in the Leather Industries', *Proceedings of the 27th East Midlands Industrial Archaeology Conference,* pp.24-32, 1983.

Thomson, R. 'The English leather industry 1790-1990: The case of Belington of Bermondsey', *Journal of the Society of Leather Techniques and Chemists,* vol. 75, p.85-93, 1990.

Thomson, R. 'Post medieval tanning and the problems caused by 16th and 17th century bureaucrats',, *Editions APDCA, Antibes,* pp.465-472, 2002.

Thomson, R. et. al (eds.) 'Conservation of Leather and related materials', Routledge, 2006.

Philip A., & Pettit, J. *'The Royal Forests of Northamptonshire: A Study in Their Economy', 1558-1714,* Volume 23, Northamptonshire Record Society, 1968.

Thompson, R. 'Leather manufacture in the post-medieval period with special reference to Northamptonshire', *Post-Medieval Archaeology* 15, pp.161-175, 1981.

Thompson, R., 'The Nineteenth Century Revolution in the Leather Industries', *Proceedings of the 27th East Midlands Industrial Archaeology Conference,* pp.24-32, 1983.

Willcocks, C. 'Cordwainers- Shoemakers of the city of London', *The Worshipful Companies of Cordwainers,* 2008.

第七章…ジェネレーションXとミレニアル世代を探して

日本語

経済同友会「ミレニアル世代にみる米国の社会思潮変化　２０１５年度米州委員会米国ミッション報告書」２０１６年　Retrieved from https://www.doyukai.or.jp/policyproposals/articles/2015/pdf/160219b.pdf

野村総合研究所『平成25年度経済産業省委託事業　我が国皮革産業の国際競争力強化手法に関する基本調査報告書』野村総合研究所、２０１４年

林久良『姫路靼絵文箱』西御着皮革資料室、２００６年

姫路皮革事業協同組合ＨＰ http://kawanosato.com/aisatsu.shtml, ２０１６年

経済産業省編『製革業実態調査報告書　平成一七年度』日本タンナーズ協会、２００５年

手塚薫「環北太平洋における動物皮革加工の文化人類学的研究」文部科学省研究費補助金研究成果報告書、２０００年

英語

Grasser, G. 'Japans leder rindustrie und gerberei Wissenschaft', Collegium, no.689, p.433, 1927.

Howe, N., & Strauss, W., *Millennials Rising: The Next Great Generation,* Knopf Doubleday Publishing Group, 2009.

Nielesen (Report) *Global Generational Lifestyles-How We Live, Eat, Play, Work and Save for Our Futures,* Nielsen, 2015. Retrieved from http://www.nielsen.com/content/dam/nielsenglobal/eu/docs/pdf/Global%20Generational%20Lifestyles%20Report%20FINAL.PDF

Ray, M. 'Japanese white leather', *The Journal of the American Leather Chemists Association,* vol.11, p. 22, 1915.

Shields, K. & Kellam,L., 'Generation X Mentoring Millennials', in Wallace, M. ed., *The Generation X Librarian: Essays on Leadership, Technology, Pop Culture, Social Responsibility and Professional Identity,* McFarland, 2011.

終章…革は「ミステリー」

日本語

杉田正見「なめしの意味、革の歴史、製法、革の種類と一般特性―皮革の基礎」特定非営利活動法人 日本皮革技術協会 Retrieved from http://www.hikaku-kyo.org/htdoc/kenkyuu-2010-03_3.htm

中島渉『花と死者の中世―キヨメとしての能・華・茶（シリーズ 向う岸からの世界史）』解放出版社、２０１０年

英語

Redwood, M. 'Leather manufacturing and technology in detail', 2016. Retrieved from http://www.mikeredwood.com/leather-technology-background/leather-manufacturing-and-technology-in-detail/

Redwood, M. 'Timeline for Leather Industry', 2016. Retrieved from http://www.mikeredwood.com/leather-technology-background/timeline-for-the-leather-industry/

Siegle, L. 'Is it time to give up leather?', *The Observer*, March 13, 2016. Retrieved from https://www.theguardian.com/fashion/2016/mar/13/is-it-time-to-give-up-leather-animal-welfare-ethical-lucy-siegle?CMP=Share_iOSApp_

あとがき　めぐりあわせとは

出会いとは不思議なものだ。

本書を書き終えて巻頭に掲げた油絵についての詳細がわかった時、そんな思いをあらたにした。「仕事場Ⅱ」と題されたこの油絵は、画家・見一真理子さんが父親の仕事ぶりを描いたものだ。彼女の父、金三さんについての記事をものづくり工房の城さんから送ってもらい、本書のテーマと金三さんの生涯との因縁を感じてしまった。

一九六四年の東京オリンピックの時に環七が建設され、金三さんの店の商圏は分断され、収益が激減して靴店は存亡の危機に直面する。そこで金三さんは必死に考えた。

「確かに店の前を歩く客足は激減したが、車の行き来は商圏の一〇倍もある。彼らの何人かがこの店に立ち寄って注文してくれるだけで店はやっていける。これからは専門店の時代だ。高くてもそれだけの価値があるものには需要があるはずだ」

そう決心して、特注の靴づくりに専念することに賭けたのだ。結果、全国から「唯一の靴」をもとめて人びとが押し寄せるようになった。商売が繁盛しても、彼は大量生産をしようとしなかった。無駄なコストをかけて靴の価格を上げないように気をつかう反面、彼は修理してでも使える靴を心がけた。

「腕のいい靴職人は絶滅寸前だが、生き残っていくことは可能だ。彼らは個性的な靴を修理できる『医者』として活躍できればいい」

と分析してもいた。

顧客と一緒につくり上げ、大事に使ってもらう靴、という姿勢自体は職人のアイデンティティを育てる。まさに本書のテーマにぴったり合う経営哲学を導きだした人だったのだ。

本書にとってのもうひとつの出会いは、解放出版社だ。つくづくこの出版社なくして本書は書けなかったと思う。考えてみるとこの出版社だけでなく、皮革のムラである姫路やたつのには、多くのアセット（資産）がある。だがまだ十分に活用されていない。伸び代がたくさんある。

部落にいる「インテリたち」もその一例だ。

たとえば本書に登場するのびしょうじさん。彼のおかげで古文が苦手な私も大した間違いをせずに本書を書くことができたし、たつのや姫路で中小のなめし工場を営んでいる若いタナーたちや市会議員さんとも知り合いになり、彼らのムラによせる思いを知ることができた。このインテリや事業主たちが編み出すディスコースはとても豊かだ。

本書を書きながら、若い人びとがムラの歴史や伝統をアセットとして十分に活用しながら、ムラが皮革の世界で生き残っていってほしいと切に願っていた。彼らが生まれ育ったムラに雇用をつくりだし続けたらどんなにすばらしいだろうか。それがムラの外に誇れるストーリーをつくりだし続け、人びとが訪れてそれを共有できるムラとして新しい解釈のなかでよみがえってくるだろう。

シベリアの少数民族がつないできた油なめしの技術が、大陸から日本にもたらされ、日本人持ち前の研究熱心さと職人気質によって最高の技術レベルまで高められた。「機能的」だけでなく「芸術的」な姫路の白なめし革。レッドウッドさんが驚嘆したように、これが二〇世紀半ばまでも私たちの日常に用いられていたということ自体が驚きだ。

なめし皮をつくるには技術と経験が必要だが、ビジネスには「打って出る」ことも必要だ。

タツノ・ヤングタナーズたちがこれから「世界に打って出る」ための第一歩をすでに踏みだしている。心から彼らの健闘を祈りたい。

二〇一七年三月一日

西村祐子

本書は学術振興会科学研究費基盤C課題番号 16K04098「伝統的皮革業集団の多文化比較におけるディスコース分析の可能性」の研究成果の一部として、平成28年度駒澤大学特別出版助成を受け、出版されたものです。記して日本学術振興会および駒澤大学への謝辞といたします。

西村祐子（にしむら・ゆうこ）
London School of Economics (LSE、ロンドン大学）にて社会人類学博士号取得。
駒澤大学総合教育研究部教授。
著書に、『草の根NPOのまちづくり―シアトルからの挑戦』（勁草書房、2004年）、Gender, Kinship and Womanhood in Southern India,（Oxford University Press, 1998）、Civic Engagement in Contemporary Japan: Established and Emerging Repertoires（Henk Vinkenらと共著、Springer, 2012）などがある。

革をつくる人びと――被差別部落、客家、ムスリム、ユダヤ人たちと「革の道」

2017年3月30日　初版第一刷発行

著者　西村祐子©

発行　株式会社　解放出版社
〒552-0001 大阪市港区波除4-1-37　HRCビル3F
TEL 06-6581-8542　FAX 06-6581-8552
東京営業所
〒101-0051 東京都千代田区神田神保町2-23 アセンド神保町3F
TEL 03-5213-4771　FAX 03-3230-1600
振替 00900-4-75417　ホームページ　http://kaihou-s.com
装幀　森本良成
本文レイアウト　伊原秀夫
カバー・扉写真　長谷川勝士

印刷　モリモト印刷

定価はカバーに表示しております。落丁・乱丁おとりかえします。
ISBN 978-4-7592-6776-1　C0039　NDC 380　267P　19cm

障害などの理由で印刷媒体による本書のご利用が困難な方へ

本書の内容を、点訳データ、音読データ、拡大写本データなどに複製することを認めます。ただし、営利を目的とする場合はこのかぎりではありません。

また、本書をご購入いただいた方のうち、障害などのために本書を読めない方に、テキストデータを提供いたします。

ご希望の方は、下記のテキストデータ引換券（コピー不可）を同封し、住所、氏名、メールアドレス、電話番号をご記入のうえ、下記までお申し込みください。メールの添付ファイルでテキストデータを送ります。

なお、データはテキストのみで、写真などは含まれません。

第三者への貸与、配信、ネット上での公開などは著作権法で禁止されていますのでご留意をお願いいたします。

あて先：552-0001 大阪市港区波除 4-1-37 HRC ビル 3F 解放出版社
『革をつくる人びと』テキストデータ係

テキストデータ引換券
『革をつくる人びと』
6776